烟台市
气象防灾减灾成果文集

王家芬 主编
高瑞华　梁玉海　王日东 副主编

中国海洋大学出版社
·青岛·

图书在版编目（CIP）数据

烟台市气象防灾减灾成果文集／王家芬主编．—青岛：中国海洋大学出版社，2020.11

ISBN 978-7-5670-2660-5

Ⅰ.①烟…　Ⅱ.①王…　Ⅲ.①气象灾害—灾害防治—烟台—文集　Ⅳ.①P429-53

中国版本图书馆CIP数据核字（2020）第230768号

出版发行　中国海洋大学出版社

社　　址　青岛市香港东路23号　　**邮政编码**　266071

网　　址　http://pub.ouc.edu.cn

出 版 人　杨立敏

责任编辑　滕俊平　　**电　　话**　0532-85902342

电子信箱　appletjp@163.com

印　　制　日照报业印刷有限公司

版　　次　2020年11月第1版

印　　次　2020年11月第1次印刷

成品尺寸　170 mm × 240 mm

印　　张　14.75

字　　数　280千

印　　数　1～2000

定　　价　67.00元

订购电话　0532-82032573（传真）

发现印装质量问题，请致电0633-8221365，由印刷厂负责调换。

前 言

Preface

随着国家发展战略的转变以及科技和信息技术的迅猛发展，社会各界对气象防灾减灾业务提出了更高的要求。近年来，烟台市气象部门以习近平新时代中国特色社会主义思想为指导，认真贯彻“两个坚持、三个转变”防灾减灾救灾新理念，全面提升气象预报和服务综合能力，强化监测预警和信息发布传递工作，牢牢守住“防灾减灾第一道防线”；初步建成了满足城市安全保障、农业防灾减灾、应对气候变化需求的气象防灾减灾体系与服务产品体系，拓展了森林防火气象预报、农事气象预报、重大活动气象保障、海洋生产活动气象保障等业务，实现了气象预报业务多元化；预报预警、防灾减灾信息产品覆盖了社会各领域，主要气象灾害的灾前风险分析和预警预估、灾中跟踪监测诊断、灾后评估分析能力得到提升，形成规范化的灾情报告产品，防灾减灾、预报预警服务产品的时效性、针对性、精细化、客观化、定量化水平明显提高。但是，面对全面提升气象防灾减灾能力的新要求，在新的历史起点上改进预报预警产品，构建结构合理、布局科学的气象防灾减灾业务新体系，提高气象预报预警服务的供给能力和保障水平是广大烟台市气象科技工作者面临的新课题。面向具有不同需求的服务对象，尤其是面向城市安全保障、“一带一路”倡议、乡村振兴、军民融合、生态文明需要，打造特色鲜明、客观、定量、精细的气象防灾减灾业务服务产品，是气象防灾减灾领域近期发展的主要方向。

根据上述目标要求和努力方向，烟台市气象局总结了近年来在防灾减灾方面开展的主要工作和取得的研究成果，汇编成本书。本书主要包含如下四个方面：一是高影响天气的成因诊断、预报技术理论的解释应用和灾害性天气过程的分析总结；二是气象灾害的统计分析与气候特征；三是气象防灾减灾理论探讨、技术方法的应用和人才队伍建设；四是多媒体显示屏、手机客户端等气象服务平台和海上航线服务介绍、果业气象为农服务建设情况。本次气象防灾减灾成就和科研成果征集得到全市相关单位和气象业务技术人员的积极响应，先后收到40多篇技术论文，经过烟台市气象局科技委员会专家审议，最终筛选出

37篇汇编成本书。

气象灾害预报预警服务和防御是一项不断发展的业务工作。本书的出版，有利于本市气象部门技术人员、相关科研人员和管理人员的学习和提高，对加强学术交流、推动服务创新与发展必将起到积极的作用，可为烟台市气象防灾减灾工作高质量、高效率发展奠定基础，同时，也可为其他地市基层气象部门气象防灾减灾工作的开展提供借鉴和参考。烟台市气象局科技委员会专家栾东红、林曲凤、姜俊玲、黄本峰、薛龚波、臧克民、周凤芸、张雪冬、黄灏、丁锡强、张孝峰等对本书进行了认真审改，提出了宝贵意见。烟台各级气象部门、业务技术人员给予了大力支持。在此，一并对他们的无私奉献和辛勤劳动，表示敬意和感谢！

编　者

2020年11月

目录

Contents

第一部分 预报技术理论

第二部分　灾害气候特征

第三部分 气象防灾减灾

第四部分 专业服务介绍

第一部分

预报技术理论

日本传真图在山东半岛强降雪预报中的解释应用

林曲凤
（烟台市气象局，烟台　264003）

【摘要】位于山东半岛的烟台市和威海市，冬半年降雪（或雨夹雪）频繁，强降雪也时有发生，对民生影响较大。多年研究发现，对日本传真图的降水等要素预报进行解释应用，可提高山东半岛烟、威两地强降雪预报的准确率。本文先将强降雪分为冷流强降雪和冷、暖空气结合类强降雪两种类型，然后对每种类型进一步细化分类，之后从每个细化的分类中分别选取两个典型代表个例，利用日本传真图对每类强降雪天气进行数值产品的解释应用。研究发现：① 对于冷流强降雪天气过程，降水实况最大值是传真图预报最大值的5～7倍或以上。② 冷、暖空气结合类强降雪（或雨夹雪）天气过程，无论冷空气的强弱，当500 hPa南、北两支槽为阶梯状时，降水实况的最大值一般是预报最大值的2倍左右；当冷空气较弱且500 hPa南、北两支槽同位相叠加时，降水的最大值与预报值基本相当。

【关键词】山东半岛；强降雪预报；日本传真图；冷流强降雪；冷、暖空气结合类强降雪

山东半岛（简称“半岛”）三面环海，半岛北部的烟台、威海两地因为北部临海，冬半年（11月到次年3月）降雪（或雨夹雪）频繁，降雪尤其是强降雪给当地的交通运输带来极大的影响，为此提高强降雪的预报准确率为当务之急。山东半岛的降雪基本上可划分为降槽前暖湿气流降雪和槽后干冷西北气流下的冷平流降雪（简称“冷流降雪”）两种类型。[1]冷流降雪又称为“海效应降雪”。[2]当强冷空气由北方南下，到达半岛北部暖海面时，形成较大的海气温差，通过感热交换，使得近海面的低层冷空气增温增湿，在半岛北部丘陵的阻挡和地形抬升下，逐渐饱和并在丘陵以北的烟台和威海形成降雪。西

南气流参与的降雪，通常由回流形势、温带气旋、切变线、低槽冷锋等天气系统造成，各地均可出现；海效应降雪以山东半岛北部地区最为显著[3]。对于强降雪类型，周淑玲、闫淑莲[4]将威海冬季暴雪分为冷涡深槽类和南支槽类。

最近20年，国内对山东半岛强降雪的气候成因、海效应以及中尺度原因进行了多方面的探讨。林曲凤等[5]利用数值模拟等方式对山东半岛2001年的一次强降雪天气过程进行了中尺度的原因分析，提出中尺度海岸锋的概念模型，认为海岸锋锋生及其产生的沿岸辐合带是形成山东半岛暴雪的主要原因。杨成芳、李泽椿等[6]对渤海南部的冷流降雪进行了中尺度特征分析，认为中尺度垂直环流的存在是造成暴雪的原因，强降雪集中出现在上升运动增强和逆风区维持的阶段。郑丽娜、王坚红等[7]对莱州湾和山东半岛北部一次强海效应降雪个例进行分析，认为两地降雪均为浅对流降雪。李丽、张丰启等[8]对山东半岛的冷流强降雪和非冷流强降雪进行了对比分析，结果表明，冷流强降雪是发生在槽后西北气流里的中小尺度不稳定降雪，非冷流强降雪是发生在槽前西南气流中的大尺度稳定性降雪。杨成芳、周淑玲等[9]对2014年12月的一次入海气旋造成山东东部局部地区暴雪的天气过程进行研究，结果表明，发生在黄河气旋后部、由渤海海峡和黄海影响产生的山东半岛海效应降雪，其风场结构、雷达回波移向、降雪落区与风场的关系及降水相态等和常见的典型渤海海效应降雪有明显差异。

对山东半岛强降雪类型及成因的研究，最终目的是要提高强降雪的预报准确率，以此提高公众对雪灾的防范能力，但目前鲜有对强降雪定点和定量的研究。数值天气预报被视为20世纪最重大的科技进步之一。目前，数值模式的准确性越来越高，天气预报和气候预测越来越依靠数值预报的结果。[9]朱玉祥、黄嘉佑等[10]提出对数值模式产品的理解和应用能力也已经成为衡量预报员水平的重要标准。因此，在对强降雪机制已经有了大量研究的基础上，找到一种稳定、可靠的数值预报产品，并对其进行解释应用，来提高山东半岛烟、威地区强降雪预报准确率，是目前迫切需要解决的问题。

山东半岛与日本隔海相望。日本作为一个岛国，四面环海，其与山东半岛地理位置和环境非常接近，两地在强降雪的机制上有很多相同之处。而日本对强降雪的成因研究开始早且比较系统。比如Bennetts和Hoskins[11]提出有条件的对称不稳定性是锋前雨带的可能原因；Emanuel[12]则提出用饱和空气中的对称不稳定机制来解释降水带状分布的形成；Toshi等[13]以及Hisaki 等[14]通过Doppler雷达资料对日本冬季的降雪进行了分析，分别对结晶的成长过程导致的日本临海山地暴雪的形成以及在海拔高度低的山岭的上游方向存在的弱风带伴随的降雪云的增厚现象进行了研究，研究结果表明，日本沿海的暴雪对流云高几乎都在4 km以下，而且大多不超过3 km。在长期对强降雪成因进行研究的基础上，日本的数值预报产品对降雪的预报也日趋成熟。尤其是最近10年，日本传真图（简称“传真图”）对山东半岛1 mm以上的明显降雪一般都能预报出来。笔者经过10多年的研究发现，加强对传真图的解释应用，能极大地提高山东半岛强降雪（或雨夹雪）预报的准确率。

1 资料与方法

本文首先选取2005—2017年烟台、威海出现的10个强降雪（或雨夹雪）个例进行天气分型，利用实况对每种类型的传真图（图略）预报结果进行解释应用。本文中的强降雪（或雨夹雪）个例，是指24 h内（当天20时到次日20时）烟台、威海同时有3个以上（含3个，下同）气象监测站出现≥5 mm的纯雪或出现雨夹雪；有3个以上气象监测站降水量≥5 mm，且最大积雪深度≥5 cm。传真图用的是强降雪发生前一天08时（北京时，下同）为起始场的24 h和36 h对降水量（或700 hPa的湿区、850 hPa的垂直速度场）的预报图。当24 h和36 h仅有一个时段预报有降水时，可将此时段作为日总降水量；当两个预报时段均预报有降水却无法确定日总预报量时，则选取强降雪发生前两天的以20时为起始场的传真图作为未来48 h的降雪总量预报的替代。

因为西南暖湿气流降雪或多或少都有冷空气的配合，因此本文为了研究方便，将山东半岛强降雪分为冷流（无暖湿气流配合）强降雪和冷、暖空气结合类强降雪两大类进行分析。

2 传真图在冷流强降雪天气类型中的解释应用

冷流强降雪，又可分为冷涡大槽强冷空气类和冷涡横槽弱冷空气类，这两种类型在强降雪期间或强降雪发生前都伴随有强冷空气，且没有明显暖湿气流配合。

2.1 冷涡大槽强冷空气类

冷涡大槽又分为横槽和竖槽。500 hPa图上，冷涡位于贝加尔湖以东的40° N～60° N、110° E～120° E范围内，携带强冷空气，强冷空气主体一般在-40℃以下。冷涡槽的径向度很大，一般达到20个经度以上。低层850 hPa山东半岛北部有强冷平流影响，半岛北部的成山头探空站（站号54776，后改为荣成，站号54778）气温一般都降至-12℃以下，且日降温幅度达到8℃以上。另外，地面上强降雪期间，山东半岛北部有较长时间的气旋式弯曲，海气温差（半岛北部海面的表层温度和850 hPa成山头气温差）达到20℃以上。

此类强降雪典型个例有两个：一个是2014年12月16日（横槽），另一个是2008年的12月5日（竖槽）。前者在强降雪发生前，在500 hPa图上的中西伯利亚可以看到明显的冷涡横槽，之后在转竖的过程中造成山东半岛北部的强降雪。850 hPa图上，受冷涡槽携带的强冷空气影响，降雪当天山东半岛北部成山头气温降至-15℃，24 h的降温幅度达到了10℃。后者在强降雪发生前，位于贝加尔湖东部地区的冷涡槽在东移过程中逐渐向南发展加深，东移南调的冷涡大槽在移过山东半岛时，槽后强冷空气大举南下。850 hPa图上，由于受强冷平流影响，成山头的气温在5日08时达到-18℃，24 h降温幅度达到14℃。

这类强降雪过程在烟、威两地造成的降雪是大范围、区域性的，但是半岛南、北地区的降水量差别非常大，从小雪到暴雪（或大暴雪）均有出现。两次强降雪过程中烟、威地区17个大监站分别有8个站和6个站出现了5 mm以上的强降雪，其余基本为小雪。强降雪落区也基本分布在烟、威两地的北部地区。

从传真图对两次强降雪的预报来看，第一次强降雪过程传真图预报降雪中心在蓬莱附近，为2 mm；实况出现的强降雪中心在牟平和文登之间，为14.0 mm；最大降水量实况值是预报最大值的7倍，且实况中心要比预报的中心向东订正约0.8个经距。第二次强降雪过程传真图预报降雪中心在威海附近，实况中心与预报中心基本一致，且最大降水量为预报最大值的5倍。

对山东半岛冬半年的多次降雪研究发现，在横槽类的冷流降雪天气过程中，当横槽从120° E以西转竖时，实况出现的降雪中心都要向东订正，一般位于烟台地区；当横槽从120° E以东转竖时，实况出现的降雪中心一般要向西订正，且强降雪中心一般位于威海地区。

统计发现，此类强降雪期间，冷空气影响不会过快，风速也不会过大，半岛北部沿海海面偏北风，最大风力一般在7级左右，不超过8级。

2.2 冷涡横槽弱冷空气类

此类强降雪一般发生在11月和12月。在500 hPa表现为在40° N～60° N、120° E以东范围内有一冷涡，位置回旋少动。强降雪发生前山东半岛一般都有大幅度的降温，强降雪发生是由于受涡后部横槽（位于40° N～50° N 、110° E～130° E）携带的弱冷空气影响，此时山东半岛处于涡的底部。850 hPa图上强降雪发生前成山头的气温均要降至-9℃以下，强降雪发生期间要降至-11℃及以下。

此类强降雪天气的代表个例为2009年11月15日和2005年12月6日。2009年11月14日20时500 hPa图上，受东北冷涡的影响，山东半岛出现了强降温。850 hPa图上成山头从前一天的0℃降至-11℃，日降温幅度达到11℃。14日夜间，受冷涡后部横槽携带的弱冷空气影响，850 hPa图上成山头气温仅下降了1℃，山东半岛北0部地区出现了强降雪天气。2005年12月4—5日，受高空冷涡携带的强冷空气影响，山东半岛遭受了当年入冬以后最强的一次冷空气过程。12月5日20时，冷涡东移到东西伯利亚地区，冷涡后部有横槽携带弱冷空气南下影响到山东半岛，850 hPa成山头气温从前一天的-9℃降至-12℃。受补充弱冷空气影响，12月6日山东半岛北部出现强降雪。

这类强降雪过程中，山东半岛南、北部降水量差别非常大，南部地区甚至无降雪。强降雪的范围非常小，仅集中在山东半岛北部的部分地区。这两次强降雪过程中的暴雪、大暴雪主要出现在烟台市区。

从传真图对两次强降雪的预报来看，预报的第一次强降雪过程的中心在威海附近，为1 mm，位置比实况偏东，而且最大降水中心实况值是预报值的20多倍。第二次强降雪过程传真图预报降雪中心在蓬莱附近，实况出现的中心位置略偏东，且最大降水中心值是预报值的7倍左右。因为此类强降雪表现出极强的局地性，对强降雪落区和量级都是极难预报的。

此类强降雪过程中，风力相对较小，山东半岛北部沿海海面一般为偏西北风，最大风力一般在6级左右，不超过7级。

3 传真图在冷、暖空气结合类强降雪天气类型中的解释应用

这类强降雪（或雨夹雪）与冷流强降雪的明显区别在于强降雪发生前，低层850 hPa（或700 hPa）均有明显暖湿气流到达山东半岛，而且大部分为急流（仅有一个个例未达到急流强度）。 强降雪发生前水汽条件较好，850 hPa和700 hPa山东半岛的温度露点差在4℃以下。

强降雪前，500 hPa一般都有南、北两支槽。有时南支槽较弱，为浅槽，或南支槽不明显，但是低空850 hPa一般存在华北涡或西南涡切变线，有的在700 hPa还出现了西北涡，为典型的北槽南涡（或切变线）影响系统。

地面上，强降雪期间山东半岛一般都受东移南压的黄河气旋或东移北上的黄淮气旋（或江淮气旋倒槽北上）影响。其中又以黄河气旋居多，其出现的概率约是黄淮气旋的2倍。此类强降雪（或雨夹雪）在过去15年出现的概率为年平均0.8次。

根据冷空气的强弱以及500 hPa南、北槽的配置，又可以把冷、暖空气结合类强降雪天气过程分为以下三种类型进行数值预报产品的检验应用。

3.1 北支槽强冷空气与南支槽（或低空低涡）结合类

这种类型500 hPa的北支槽在三种类型中是最偏北的，南支槽较浅或不明显。强降雪发生前，北支槽基本位于40° N以北、110° E～120° E，而且北支槽配合的冷空气强度较强，强降雪期间850 hPa的成山头降温幅度一般为5℃～7℃。低层850 hPa一般有华北涡或西南涡。选取的典型个例是2008年12月21日和2010年1月4日（两个个例的高空环流形势非常类似，唯一的差别是

前者500 hPa有南支浅槽，后者无南支槽）。

这两次过程均为区域性的降雪，而且都带有冷流降雪的特征，即半岛北部降水量仍然大于南部地区，但是5 mm以上的强降雪范围比较大，分别在10个站和11个站出现，且降水中心的位置比预报的位置向西北方向调整的比较大。

从两次过程的传真图预报来看，实况出现的强降雪中心均比预报中心偏西北约1个经距，而且实况中心值均是预报值的2倍左右。

3.2 北支槽弱冷空气与南支槽结合类

这类天气的共同特点是，强降雪发生前一天，500 hPa为南、北两支槽，位于100° E～120° E。两槽同位相叠加，为非阶梯槽。北支槽基本位于35° N～45° N，南支槽位于25° N～35° N。850 hPa强降雪期间，成山头降温幅度为2℃～4℃，为弱冷空气。代表个例是2004年3月3日以及2010年3月1日。这两次过程，前期500 hPa形势比较类似，北支槽基本位于32° N～45° N，南支槽位于25° N～35° N。强降雪前850 hPa仍为北槽南切变（或西南涡切变）。

这种类型的强降雪（或雨夹雪）过程，降水量的分布相对比较均匀，强降水中心比预报的中心略向西北方向调整，位于地面气旋后部与冷空气结合的地方，且降水的最大值与预报最大值基本相当。

3.3 无明显冷空气类

此类天气类型的特点是，强降雪发生前500 hPa有南、北两支槽，呈阶梯状。强降雪期间850 hPa成山头降温不明显，甚至有1℃～2℃的升温，山东半岛的冷空气表现为一冷温度槽。代表个例为2005年2月15日及2006年2月6日。

对比这两次过程的预报和实况来看，半岛降水整体分布比较均匀，实况最大值一般是预报最大值的2倍左右。强降水中心的位置比预报的中心位置向东南方向调整。

4 传真图的其他要素预报在不同强降雪类型中的解释应用

冷、暖空气结合类强降雪天气发生前，日本传真图一般会在700 hPa的山东半岛预报出一个湿区，且一般在850 hPa山东半岛附近预报有一个ω值小于−20 $hPa \cdot h^{-1}$的强的上升速度中心。而对于冷流强降雪类天气过程，预报700 hPa的山东半岛为干区，且预报850 hPa山东半岛附近为弱的下沉速度区。

除了强降雪的量级预报，降水的相态预报也是强降雪（或雨夹雪）的一大难点。杨成芳等[15]以及郑丽娜等[16]对山东冬半年的降水相态进行过详细的研究，可供参考，本文不再赘述。

5 结论

山东半岛的烟台、威海在冬半年虽然强降雪频率不高，所收集的个例也不多，但通过对强降雪个例进行分型，再利用日本传真图对典型个例进行解释应用，结果呈现出一定的规律性。将其应用到实际业务工作中，对提高强降水量级和落区的预报准确率将起到很好的作用。结论如下。

（1）冬半年强降雪类型分为冷流强降雪以及冷、暖空气结合类强降雪（或雨夹雪）。其中，冷流强降雪跟冷涡密切相关，又可分为冷涡大槽强冷空气类和冷涡横槽弱冷空气类。二者的共同点是，在850 hPa山东半岛北部都有8℃以上的降温，但前者是在强降雪期间，后者是在强降雪之前。

（2）对于冷流强降雪天气过程，当日本传真图预报半岛附近有闭合降雪中心时，实况出现的最大值有可能达到预报中心值的5～7倍，甚至更多。冷涡横槽弱冷空气类因为降水量南北差异大，强降雪范围又非常小，导致预报难度最大。

（3）冷、暖空气结合类强降雪（或雨夹雪）天气，一般为北槽南涡的形势。强降雪前多出现低空急流，水汽条件好。中、低层一般为华北涡或西南涡切变，地面多为黄河气旋或黄淮气旋（或江淮气旋倒槽）。

（4）冷、暖空气结合类强降雪，当北支槽偏北且冷空气较强时，实况的最大值是传真图预报最大值的2倍左右，且降水分布呈现一定的冷流特性（即半岛北部大、南部小），5 mm以上的强降雪范围比单纯的冷流强降雪范围要大；当冷空气较弱，500 hPa南、北两支槽同位相叠加时，降水的最大值与预报值基本相当，且区域分布相对均匀。上述两种类型降水实况最大值均要比预报最大值向西北方向调整。当低层冷空气不明显仅表现为冷温度槽时，降水的最大值是预报最大值的2倍左右，且实况比预报向东南方向调整。

（5）冷、暖空气结合类强降雪天气发生前，日本传真图一般会在700 hPa的山东半岛预报出一湿区，且一般在850 hPa山东半岛附近预报有一个ω值小于−20 $hPa \cdot h^{-1}$的强的上升速度中心。纯冷流强降雪期间，日本传真图一般会在850 hPa预报出一个弱的下沉运动区，且预报700 hPa为干区。

（6）强降水落区预报要根据不同的天气类型及地形进行订正。可利用日本传真图结合欧洲等的数值预报产品，对强降雪天气进行综合预报。

参考文献

[1] 曹钢锋，张善君．山东天气分析与预报［M］．北京：气象出版社，1988．

[2] 杨成芳，李泽椿．近十年中国海效应降雪研究进展［J］．海洋气象

学报，2018，38（4）：1-10.

［3］杨成芳，周淑玲，刘畅，等．一次入海气旋局地暴雪的结构演变及成因观测分析［J］．气象学报，2015，73（6）：1039-1051.

［4］周淑玲，闫淑莲，威海市冬季暴雪的天气气候特征［J］．气象科技，2003，31（3）：183-185，189.

［5］林曲凤，吴增茂，梁玉海．山东半岛一次强冷流降雪过程的中尺度特征分析［J］．中国海洋大学学报，2006，36（6）：908-914.

［6］杨成芳，李泽椿，周兵，等．渤海南部沿海冷流暴雪的中尺度特征［J］．南京气象学院学报，2007，30（6）：857-865.

［7］郑丽娜，王坚红，杨成芳，等．莱州湾西北与山东半岛北部强海效应降雪个例分析［J］．气象，2014，40（5）：605-611.

［8］李丽，张丰启，施晓晖．山东半岛冷流强降雪和非冷流强降雪的对比分析［J］．气象，2015，41（5）：613-621.

［9］杨成芳，周淑玲，刘畅，等．一次入海气旋局地暴雪的结构演变及成因观测分析［J］．气象学报，2015，73（6）：1039—1051.

［10］朱玉祥，黄嘉佑，丁一汇．统计方法在数值模式中应用的若干新进展［J］．气象，2016，42（4）：456-465.

［11］Bennetts D A，Hoskins B J．Conditional Symmetric Instability-A Possible Explanation for Frontal Rainband［J］．Quart J Roy Meteo SOC，1979，105：945-962.

［12］Emanuel K A．Intial Instability and Mesoscale Convective System．Part Ⅰ：Linear Theory of Inertial Instability in Rotating Viscous Fluids［J］．J Atmos Sci，1979，36：2425-2499.

［13］Toshi H，Yasumi N. Riming Growth Process Contributing to the Formation of Snowfall in Orographic Areas of Japan Facing the Japan Sea［J］．Journal of the Meteo Sic of Japan，1999，77（1）：101-115.

［14］Hasaki E，Teruyuki K，Masanori Y，et al．Numerical Simulation of the Quasi-stationary Snowband Observed over the Southern Coastal Area of the Sea of Japan on 16 January 2001［J］．J Met Soc Japan，2005，83（4）：551-576.

［15］杨成芳，姜鹏，张少林，等．山东冬半年降水相态的温度特征统计分析［J］．气象，2013，39（3）：355-361.

［16］郑丽娜，杨成芳，刘畅．山东冬半年回流降雪形势特征及相关降水相态［J］．高原气象，2016，35（2）：520-527.

台风“利奇马”影响烟台北部沿海大风成因分析

武　强
（烟台市气象局，烟台　264003）

【摘要】2019 年 8 月 10 日至 13 日，台风“利奇马”持续影响烟台市，带来大范围强降水和大风天气，海面最大风力达到 10 级，受其影响，烟台至大连海上航线全线停航 48 h，港口停止作业。台风带来的暴雨、大风天气极易带来巨大的影响，威胁人民的生命和财产安全。成因分析表明，是否有冷空气的结合、台风路径和强度等天气因素增加了预报的难度，台风本身的结构、风场的分布对大风预报有很大影响，数值预报模式较准确的形势预报有很好的参考意义，但对于精确预报影响范围及提供专业气象服务仍有一定难度。

【关键词】台风；大风；成因分析；数值预报

台风影响我国时，往往会造成比较严重的经济损失或人员伤亡，大风、降水以及登陆台风的强度和登陆点位置等都是我国台风致灾的重要因素。[1]台风灾害影响主要是其伴随的大风、暴雨及引起的滑坡、泥石流、风暴潮等次生灾害共同造成的，重大灾害往往由突发性、极端性风雨引起。[2]近50年，登陆我国的热带气旋年平均登陆强度、强台风数量均呈增加趋势；北上热带气旋略有上升趋势[3]。直接影响山东的台风每年一般为1～2个，台风给山东造成的直接经济损失在各种自然灾害中排第二位[4]。台风带来的大风灾害对烟台海上航运和港口作业影响重大，因此，准确预报台风路径及其风雨影响，能够起到防灾减灾的作用。近些年对台风的研究较为广泛[5-14]，例如，影响台风的多尺度动力、热力机制分析，地形、能量释放等造成的局地性和增幅效应，多天气系统影响下的台风路径和登陆点的对比分析，观测资料和数值预报检验等研究，使人们对台风的认识越来越深刻，不仅西北太平洋副热带高压位置和强度变化对台风登陆北上起着决定性作用，而且西风带系统和南亚高压活动对台风登陆后北折和持续北上也有不可忽视的影响。[15]

1 天气实况

2019年8月4日下午，第9号台风“利奇马”在菲律宾东部海域生成并向西北方向移动，10日01时45分在浙江省温岭市登陆，之后向偏北方向移动，11日20时50分前后以热带风暴级强度在青岛市黄岛区第二次登陆并向西北方向移动，12日至13日在潍坊市及渤海一带回旋少动，逐渐减弱为热带低压，中央气象台13日14时对其停止编号。

受其影响，烟台市出现了大范围强降水和大风天气。8月10日08时至12日14时全市平均降水量为82.1 mm，最大降水在海阳朱吴站为185.8 mm，15站降水超过100 mm，119站降水超过50 mm，最大小时降水量为54 mm（图略）。

11日凌晨至12日夜间，烟台沿海海面出现7级以上偏东大风。特别是11日15时至21时台风在青岛市黄岛区第二次登陆前后，北部沿海海面最大风力达到10级，阵风11级，陆地6～7级，阵风8～10级。12日08时之后风力逐渐减小（图1），但台风减弱后的热带气旋仍然停滞在渤海一带，11日白天到12日夜间，烟台至大连海上航线全线停航48 h，港口停止作业。

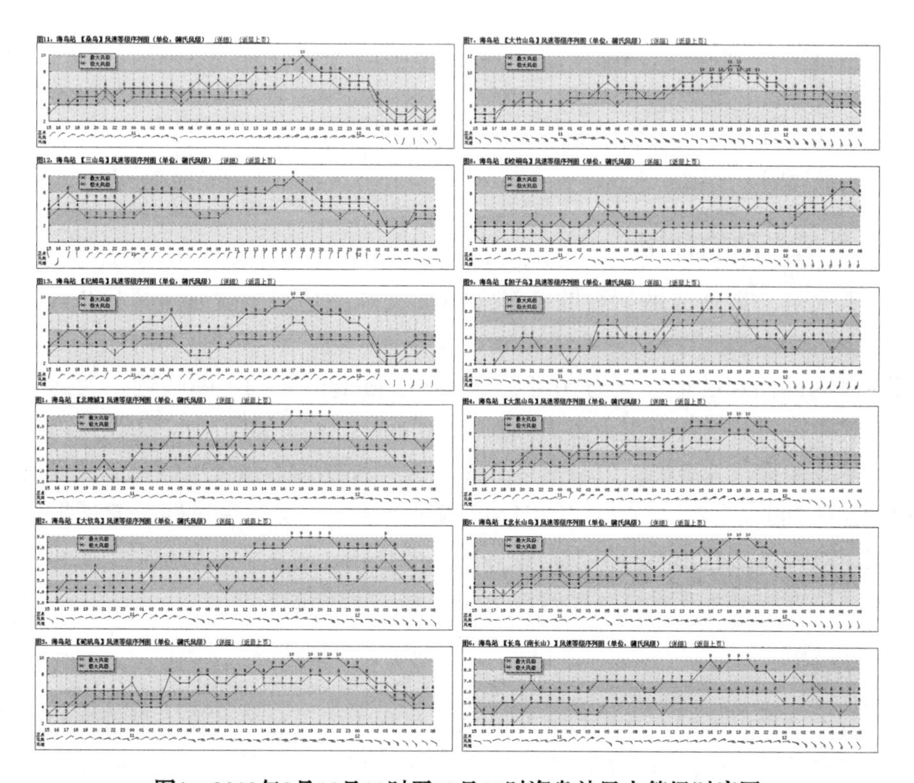

图1　2019年8月10日20时至12日08时海岛站风力等级时序图

2 天气形势分析

8月10日20时至11日08时，副高脊线呈西北东南走向位于中国东北地区至朝鲜半岛一带，略有加强，“利奇马”台风环流位于苏浙沪交界处，西风带环流为两槽一脊，位于华北地区的高空槽向南加深，槽后冷空气南下，与台风倒槽前的东南暖湿气流在鲁中地区结合，造成该地区降水强度加大，产生历史罕见的大范围大暴雨和特大暴雨。位于贝加尔湖至青藏高原的大陆高压脊继续发展加强，使台风环流向偏北方向移动，由江苏省盐城市进入黄海。大风区分布不均匀，位于台风倒槽的顶端及右侧，烟台市距离台风环流较远，且冷空气东移北收对烟台市影响较小，北部沿海海面以偏东风为主，风力不大。

11日20时50分台风“利奇马”在青岛市黄岛区第二次登陆，强度为热带风暴级，近中心最大风力9级。从高空图上看，副热带高压和大陆高压脊分别稳定维持在朝鲜半岛和河套地区，低压槽东移北收至东北地区北部，台风环流并入南支槽，位于华北东部，形成较为稳定的鞍形场。在第10号台风“罗莎”的“藤原效应”作用下，台风“利奇马”向西北方向缓慢移动。台风登陆前后，烟台北部沿海位于距离台风中心以北200 km附近，海面偏东风，风力达到最大。

12日白天到夜间，大陆高压脊东移，与副热带高压合并打通，台风环流位于高压脊内部，逐渐减弱填塞，台风“利奇马”在潍坊市北部及渤海一带回旋少动，强度逐渐减弱为热带低压。烟台市北部沿海海面以东南风为主，风力逐渐减弱到7级以下。

3 数值产品的释用

本次对台风造成的烟台北部沿海海面大风的预报主要参考了ECMWF、JAPAN、GRAPES和NCEP等的10 m风场预报结论。对于11日20时前后烟台北部沿海海面出现的最大风力10级偏东大风，随着时效的不断临近，大部分数值模式对风力等级都做出了最大9级（20.8 $m \cdot s^{-1}$）的预报，NCEP预报出了10级，量级预报较为准确，但是落区差别较大，仅JAPAN预报出烟台北部沿海海面最大达到9级左右。ECMWF和JAPAN对于天气形势、台风路径的预报较为稳定，对大风的起止时间预报有较好的参考作用；对于专业用户需要提前48 h以上且精细到单点或较小区域的预报还是有一定的难度。

4 结论

对于烟台市来说，本次台风影响天气过程主要是台风环流本身带来的大风和暴雨天气过程，而台风在北上过程中不断减弱，在青岛二次登陆时强度为热带风暴级，结构变得松散，缺乏冷空气的配合，使得预报降水和大风量级略有偏高。

在预报过程中，是否有冷空气的结合、台风路径和强度等天气因素增加了预报的难度，台风本身的结构、风场的分布对大风预报有很大影响，还需要加强对卫星云图、雷达等风场信息产品的学习和使用。

数值预报模式较准确的形势预报有很好的参考价值，但由于专业气象服务预报的时效更加精细、服务范围有别于常规天气预报，对于专业用户需要提前48 h以上且精细到单点或较小区域的预报，数值预报模式还有一定的困难，需要进一步对比分析，总结经验。

考虑到台风是影响较为重大的天气过程，为了预报的稳定性和安全生产，预报服务产品同时兼顾了中国气象局、山东省气象局、烟台市气象局及大连市气象局的预报结论，保障了海上和港口作业安全，避免了人民生命和财产损失。

参考文献

[1] 陈佩燕，杨玉华，雷小途，等．我国台风灾害成因分析及灾情预估[J]．自然灾害学报，2009（1）：66-75.

[2] 薛建军，李佳英，张立生，等．我国台风灾害特征及风险防范策略[J]．气象与减灾研究，2012（1）：62-67.

[3] 赵秀兰．近50年登陆我国热带气旋时空特征分析及对农业影响研究综述[J]．海洋气象学报，2019（4）：1-11.

[4] 阎丽凤，杨成芳．山东省灾害性天气预报技术手册[M]．北京：气象出版社，2014.

[5] 邵颖斌，毕潇潇，刘锦绣，等．1617超强台风“鲇鱼”大风成因和预报分析[J]．海峡科学，2017（12）：10-15.

[6] 陈德花，张玲，张伟，等．“莫兰蒂”台风致灾大风的结构特征及成因[J]．大气科学学报，2018（5）：118-127.

[7] 刘佳，陈元昭，江崟．1822号台风“山竹”影响期间深圳大风特征初步分析[J]．广东气象，2019（5）：15-18.

[8] 曹楚，王忠东，郑峰．台风“莫拉克”影响期间浙江大风成因分析[J]．气象科技，2013（6）：135-141.

[9] 王忠东，曹楚，杜友强，等．台风“菲特”影响期间浙江大风成因分析[J]．浙江气象，2015（4）：19-24.

[10] 董美莹，俞燎霓．“麦莎”台风影响期间浙江的大风分布特征和成因分析[J]．科技导报，2006（4）：31-34.

[11] 高珊，吴幸毓，何小宁．1010号台风“莫兰蒂”对福建近海风场的影响及其成因分析[J]．台湾海峡，2012（2）：27-35.

[12] 王亚男，王庆元．1210号台风大风和渤海湾天津沿岸风暴潮分析

[J]. 海洋预报，2013（6）：9-14.
[13] 李慧琳，高松影，徐璐璐，等. 影响辽东半岛两次相似路径的台风对比分析[J]. 气象与环境学报，2015（1）：8-15.
[14] 高留喜，杨晓霞，刘畅，等. 台风“摩羯”（1814）的路径特点与预报分析[J]. 海洋气象学报，2019（4）：108-115.
[15] 金荣花，高拴柱，顾华，等. 近31年登陆北上台风特征及其成因分析[J]. 气象，2006（7）：35-41.

山东半岛暴雪气象要素场演变特征分析

孙殿光　王宏昌　王　宝　黄肖峰
（烟台市气象局，烟台　264003）

【摘要】为了掌握烟台暴雪过程中500 hPa、700 hPa和850 hPa要素场配置特点和演变规律，了解暴雪过程气象要素的基本指标，以提高烟台暴雪精细化预报水平，本文依据T639提供的数值要素产品资料，采取数理统计的方法，对多次降雪过程的资料和实况进行了对比分析研究，重点分析了2012年12月5日和12月23日、2013年1月1日和2月3日四次暴雪过程。研究发现，气象要素场物理量场演变与暴雪开始、发展、减弱和结束演变过程存在相关性，预报员依据部分气象要素演变特征，能够较准确地预报暴雪的开始、发展、减弱和结束时间以及暴雪的主要落区。

【关键词】烟台暴雪；T639数值产品；特征分析

随着社会发展，人们对天气预报的要求越来越高，精细化预报和提高预报质量始终是预报员面对的最困难也是最急需解决的问题。在冬季降雪过程中，降雪何时开始、何时最强、何时结束，哪里降水量最大，最大降水量是多少，要求预报员必须做出明确的答复。科研理论和天气过程总结是提高预报质量和精细化预报水平的重要途径。朱乾根等[1]提出了降水预报的三个条件：水汽条件、垂直运动条件和云滴增长条件。本文利用T639数值产品提供的垂直速度数据分析垂直运动条件，用温度露点差和相对湿度数据分析水汽条件，用高度场、风场和气温场分析云滴增长条件或冷源条件。郑丽娜等[2]研究指出，山东半岛的特殊地形对冷流降雪的形成也有一定作用，山东半岛具有独特的地形特点，北部沿海地区为低山丘陵覆盖，有11座山峰海拔在500 m以上，其中最高峰为昆嵛山，海拔高度为922.8 m。烟台、威海的强降雪区域均位于低山丘陵的北部。周淑玲等[3]研究指出，冬季强冷空气暴发南下，在山东半岛北部沿海形成一中尺度海岸锋，使低层的辐合和上升运动得到维持，有利于对流的生成和发展，也有利于海面暖湿空气的垂直输送。烟台在12月中旬到次年1月底经常会出现冷流降雪过程。刁秀广等[4]研究指出，冷流降雪是山东半岛北部地区冬季比较常见的一种天气现象，当北方的冷空气南下到达海面时，海面上的暖湿空气向上移动，升至一定高度时，就会凝结成雪花，飘落下来，形成降雪。李建华等[5]利用WRF模式对2005年12月6日的降雪进行了模拟，指出垂直方向上云水和云中霰的含量出现在700 hPa高度层以下，强上升速度中心在850 hPa附近，风场在850 hPa层辐合，以上辐散进一步说明了冷流降雪在低层更明显一些。杨成芳等[6]研究指出了2005年12月山东半岛连续性降雪的动力特征，对流层中低层的垂直速度、散度场、涡度场的动力耦合结构配置有利于暴雪的形成和维持。

1 暴雪过程中T639数值产品物理量场特征

1.1 2012年12月5日烟台暴雪

天气系统：高空是高空槽演变为冷涡，地面是冷锋。12月5日晨开始降小阵雪，上午局部小阵雪，下午到23时持续强降雪，下半夜结束。只有东部靠近北部沿海的芝罘区和莱山区降暴雪13.9 mm，福山区为1.8 mm，长岛为0.9 mm，栖霞为0.5 mm，其他地区微量。降雪极不均匀。选取5日05时（开始）、5日20时（发展）、6日02时（减弱）、6日05时（结束）时次资料进行统计，见表1。

表1 2012年12月5日暴雪过程T639高度场、风场、气温场特征

时段高度/hPa	高度场/hPa	风场	气温场/℃
开始 500 700 850 1 000	532 292 144 1 016	SW W NW NW	−32 −20 −16 −8
发展 500 700 850 1 000	524 284 144 1 016	SW W-NW NW NW	−36 −28 −20 −8
减弱 500 700 850 1 000	528 288 144 1 016	W W-NW NW NW	−36 −28 −20 −8
结束 500 700 850 1 000	532 292 144 1 020	NW NW NW NW	−34 −28 −20 −8

1.1.1 高度场分析

降雪开始时，500 hPa在槽前的第三低值前，700 hPa在槽前的次低值前，850 hPa在槽线前后最低值区，1 000 hPa在锋后冷高前锋。发展阶段，500 hPa和700 hPa都演变为槽前后的最低值，850 hPa和1 000 hPa维持在冷高

前锋。减弱时，500 hPa演变为槽后第三低值，700 hPa在槽后次低值，850 hPa和1 000 hPa维持在冷高前锋。结束时，500 hPa在第三低值后部区域，700 hPa在次低值后，850 hPa强度不变，1 000 hPa冷高中心控制。所以，系统后倾，1 000 hPa锋面已经过境，当850 hPa槽线影响时降雪开始，随着700 hPa和500 hPa槽线先后影响，降雪达到最强，当演变为500 hPa槽线附近后部影响时，降雪明显减弱并趋于结束。

1.1.2 风场分析

降雪开始时，500 hPa槽前西南风，700 hPa槽线附近西风，850 hPa槽线附近后部西北风，1 000 hPa锋后西北风。发展阶段，500 hPa槽前西南风，700 hPa槽后附近西偏北风，850 hPa槽后西北风，1 000 hPa锋后西北风。减弱阶段，500 hPa槽线附近西风，700 hPa槽后西偏北风，850 hPa槽后西北风，1 000 hPa锋后西北风。结束阶段，各层都是槽后西北风。所以，系统后倾，850 hPa转西北风前后降雪开始并逐渐增强，500 hPa转西北风后降雪结束。

1.1.3 气温场分析

降雪开始阶段，500 hPa为最低值，700 hPa为第三低值，850 hPa为次低值，1 000 hPa为最高值。发展阶段，各层达到最低值并维持。减弱阶段，在各层最低值阶段后部。结束阶段，500 hPa略回暖，其他各层维持最低值。所以，各层趋于次低值时降雪开始，500 hPa回暖时降雪结束。

1.1.4 垂直速度场分析

从2012年12月5日暴雪过程T639垂直速度场（单位：10^{-2} Pa·s^{-1}）特征分析来看，5日05时降雪开始时，闭合中心值的情况，500 hPa是−36，700 hPa是−48，850 hPa是−24，三层都是上升运动。5日08时到5日14时局部小阵雪阶段，三层都是负速度向正速度过渡时段。5日17时到5日23时发展阶段，各层正速度加强，闭合中心值的情况，500 hPa是72，700 hPa是60，850 hPa是36，三层都是强下沉运动，属于冷流降雪为主，降暴雪。6日02时降雪减弱时，500 hPa闭合中心72已经北移到海上，700 hPa闭合中心60即将消亡，850 hPa闭合减弱为12，属于弱冷流降雪，降小阵雪。6日5时降雪结束时，闭合中心值的情况，500 hPa是36，700 hPa是36，850 hPa是12，明显减弱。所以，降雪开始阶段，三层都是负速度值，是系统性降雪；发展、减弱和结束阶段，三层都是正速度值，是冷流降雪，降暴雪。三层正速度值明显减小，预示着降雪减少并趋于结束。

1.1.5 温度露点差场分析

从2012年12月5日暴雪过程T639温度露点差场（单位：℃）特征来看，5日05时降雪开始时，500 hPa是16.0，700 hPa是0.0，850 hPa是4.0。5日08时到5日14时局部小阵雪阶段，500 hPa减小到12.0，700 hPa是4.0及以下值向4.0及以上值转变，850 hPa是4.0及以下值。5日17时到5日23时发展阶段，500 hPa

是16.0演变为20.0，700 hPa是8.0，850 hPa是0。6日02时降雪减弱时，500 hPa是12.0，700 hPa是16.0，850 hPa是均压场。6日05时降雪结束时，500 hPa是8.0，700 hPa是16.0，850 hPa是均压场。所以，500 hPa的值明显增大，850 hPa的值减小到4.0及以下值时，降雪开始；随着500 hPa和700 hPa的值升高，850 hPa的值在4.0及以下，降雪达到最强；当500 hPa的值明显减小或850 hPa的值升高到4.0以上时，降雪减小并趋于结束。850 hPa 4.0及以下值的区域是降雪的主要落区。

1.2 2012年12月23日烟台暴雪

天气系统：高空槽，地面冷锋。烟台市区22日23时到23日08时是主要降雪时段，12 h降7.59 mm暴雪，23日11时降雪逐渐结束；其他区市中，蓬莱、龙口降暴雪，招远降大到暴雪，其他地区降小雪。降雪不均匀，暴雪出现在西部偏北地区和东部。选取22日23时（开始）、23日05时（发展）、23日08时（减弱）、23日11时（结束）时次资料进行统计，见表2。

表2 2012年12月23日暴雪过程T639高度场、风场、气温场特征

时段高度/hPa	高度场/hPa	风场	气温场/℃
开始 500 700 850 1 000	536 292 150 1 025	SW W NW NW	−32 −20 −16 −7
发展 500 700 850 1 000	528 292 150 1 026	SW W-NW NW NW	−36 −28 −20 −8
减弱 500 700 850 1 000	528 290 148 1 025	W W-NW NW NW	−36 −28 −20 −8
结束 500 700 850 1 000	532 292 148 1 026	NW NW NW NW	−34 −28 −20 −8

1.2.1 高度场分析

降雪开始阶段，500 hPa在槽前次低值后，700 hPa在槽线最低值，850 hPa和1 000 hPa在槽后锋后冷高前锋。发展阶段，500 hPa和700 hPa在槽线最低值区域，850 hPa和1 000 hPa维持在冷高前锋。减弱阶段，500 hPa和700 hPa由槽线附近最低值向槽后次低值演变，850 hPa和1 000 hPa由冷高前锋演变为冷高中部。结束阶段，500 hPa和700 hPa在槽后次低值，850 hPa和1 000 hPa在冷高中心后部。所以，系统后倾，1 000 hPa和850 hPa已过境，接近700 hPa槽线影响时降雪开始，随着500 hPa槽线影响降雪达到最强，演变为500 hPa槽线附近后部影响

时，降雪明显减弱并趋于结束。

1.2.2 风场分析

降雪开始阶段，500 hPa槽前西南风，700 hPa槽线附近西风，850 hPa槽后西北风，1 000 hPa锋后西北风。发展阶段，500 hPa槽前西南风，700 hPa槽后附近西偏北风，850 hPa槽后西北风，1 000 hPa锋后西北风。减弱阶段，500 hPa槽线附近西风，700 hPa槽后西偏北风，850 hPa槽后西北风，1 000 hPa锋后西北风。结束阶段，各层都是槽后西北风。所以，系统后倾，850 hPa转西北风后降雪开始，由700 hPa西风影响演变为500 hPa西风影响阶段降雪最强，500 hPa转西北风后降雪结束。

1.2.3 气温场分析

降雪开始阶段，500 hPa为最低值，700 hPa为第三低值，850 hPa为次低值，1 000 hPa为最高值。发展阶段，各层演变为最低值并维持，700 hPa降温幅度最大。减弱阶段，演变为各层最低值维持阶段后期。结束阶段，500 hPa略回暖，其他各层维持最低值。所以，各层趋于次低值时降雪开始，次低值影响演变为最低值影响阶段降雪最强，500 hPa回暖时降雪趋于结束。

1.2.4 垂直速度场分析

根据2012年12月23日暴雪过程T639垂直速度场（单位：10^{-2} Pa · s^{-1}）特征分析，22日23时开始时，闭合中心值的情况，500 hPa北部为12，南部为−12，700 hPa是36，850 hPa是−12；23日02时到23日08时发展阶段，闭合中心值的情况，500 hPa是12加强到24，700 hPa是36，850 hPa是−24；23日08时减弱时，闭合中心值的情况，500 hPa是12，700 hPa是24闭合后部，850 hPa是−24闭合开始分散；23日11时结束时，闭合中心值的情况，500 hPa是分散的36闭合，700 hPa是分散的12闭合，850 hPa是0。所以，500 hPa和700 hPa是下沉运动，850 hPa是上升运动，属于对流性暴雪；对流性降雪时，500 hPa的下沉运动和850 hPa的上升运动都明显加强，降雪开始；500 hPa和700 hPa的下沉运动与850 hPa的上升运动加强，降雪最强；850 hPa演变为0或下沉运动时，降雪趋于结束。500 hPa和700 hPa下沉运动中心与850 hPa的上升运动中心都在蓬莱且向正东方向移动，降雪主要落区一般在烟台市区。

1.2.5 相对湿度场分析

据2012年12月23日暴雪过程T639相对湿度场（单位：%）特征分析，22日23时开始时，闭合中心值的情况，500 hPa西北部为20、东南部为80，700hPa是20，850 hPa是80；23日02时到23日08时发展阶段，闭合中心值的情况，500 hPa是10，700 hPa是80，850 hPa是80；23日08时减弱时，闭合中心值的情况，500 hPa是10，700 hPa是60，850 hPa是80；23日11时结束时，闭合中心值的情况，500 hPa是10，700 hPa是40，850 hPa是40。所以，此次对流性暴雪，500 hPa减小到30以下、850 hPa增大到70以上时，降雪开始；500 hPa继续减小，700 hPa和850 hPa均在70以上并继续增大时，降雪最强；700 hPa减小到60及以下时，降雪明显减小；700 hPa和850 hPa都减小到60及以下时，降雪结束。相对湿度最大值附近区域，是降雪主要落区。

1.3　2013年2月3日烟台暴雪

系统：高空槽，地面倒槽，冷锋。2月3日晨到傍晚，烟台市区、龙口、福山、海阳、栖霞出现暴雪，其他地区出现大雪或中到大雪。3日夜间小到中雪。整个降雪过程，3日晨开始到4日晨完全结束。选取3日05时、3日14时、3日17时、3日20时资料进行统计，见表3。

表3　2013年2月3日暴雪过程T639高度场、风场、气温场特征

时段高度/hPa	高度场/hPa	风场	气温场/℃
开始 500　700　850　1 000	560　300　148　1 020	SW　SW　SW　S	−18　−4　−3　−2
发展 500　700　850　1 000	556　296　140　1 012	SW　SW　SW　S	−18　−4　−4　−1
减弱 500　700　850　1 000	556　300　144　1 012	SW　SW　W　S	−18　−4　−4　−1
结束 500　700　850　1 000	556　300　144　1 016	W　W-NW　NW　NW	−19　−7　−4　−4

1.3.1　高度场分析

降雪开始时，500 hPa、700 hPa和850 hPa在槽前次低值，1 000 hPa在前冷高后部，是两高一低型系统。发展阶段，500 hPa、700 hPa和850 hPa都在槽线附近最低值区域，1 000 hPa在锋面附近，是系统性降雪。减弱时，500 hPa和1 000 hPa 维持在最低值，700 hPa和850 hPa由槽线附近最低值演变为槽后次低值。结束时，500 hPa维持在次低值，700 hPa和850 hPa在槽后次低值，1 000 hPa在锋后次低值。所以，系统性降雪，各层在次低值时，降雪开始；各层演变为最低值时，降雪最强；槽后最低值向次低值演变时，降雪减弱；次低值后降雪结束。系统呈垂直结构，既不前倾，也不后倾。

1.3.2　风场分析

降雪开始时，500 hPa、700 hPa和850 hPa为槽前西南风，1 000 hPa为锋前南风，都在暖气团中。发展阶段，500 hPa、700 hPa和850 hPa为槽前西南风，1 000 hPa为锋前南风，仍然都在暖气团中。减弱时，500 hPa和700 hPa为槽前西南风，850hPa槽线附近后部偏西风，1 000 hPa锋面附近南风。结束时，500 hPa是槽后西风，700 hPa是槽后西到西北风，850 hPa是槽后西北风，1 000 hPa是锋后西北风。所以，系统性降雪，在西南风或南风里开始，在西南风向偏西风过渡时最强，偏西风向西北风过渡时减弱，中、高层西到西北风，低层西北风时结束。

1.3.3 气温场分析

降雪开始阶段，500 hPa、700 hPa、850 hPa和1 000 hPa都在最低值区。发展阶段，500 hPa和700 hPa维持，850 hPa和1 000 hPa略下降。减弱阶段，500 hPa、700 hPa、850 hPa和1 000 hPa维持。结束阶段，500 hPa略下降，700 hPa和1 000 hPa下降相对明显，850 hPa维持。所以，此次2月降暴雪，降雪开始、发展、减弱和结束阶段，各层气温都在最低值区域，稍有波动，且大气温度比上年12月和本年1月明显升高。

1.3.4 垂直速度场分析

据2013年2月3日暴雪过程T639垂直速度场（单位：$10^{-2}Pa\cdot s^{-1}$）特征分析，3日05时到08时开始阶段，500 hPa西部莱州湾为−60闭合，700 hPa是0到−12闭合，850 hPa是12到0闭合；3日08时到17时发展阶段，闭合中心向东偏北方向移动，500 hPa是−48闭合，700 hPa是−48或−36闭合，850 hPa是−24或−12闭合；3日17时到20时减弱时，500 hPa是−48闭合减弱至−24闭合，700 hPa是−48闭合减弱至−24闭合，850 hPa是−12闭合演变为0闭合；3日20时结束时，500 hPa减弱为−24闭合过境，700 hPa减弱为−24闭合过境，850 hPa是0闭合。所以，系统性降雪过程中，当各层都演变为上升速度时，降雪开始；上升速度最强时，降雪最大；上升速度减弱时，降雪减弱；上升速度继续减弱或过境时，降雪结束。各层都为上升运动的是系统性降雪过程。负速度中心附近区域是主要降雪落区。

1.3.5 相对湿度场分析

据2013年2月3日暴雪过程T639相对湿度场（单位：%）特征分析，3日05时到08时开始阶段，闭合中心值的情况，500 hPa是80，700 hPa西南部是80、东北部是60，850 hPa是80；3日08时到17时发展阶段，闭合中心值的情况，500 hPa北部是80、南部是60，700 hPa是80，850 hPa是80；3日17时到20时减弱时，闭合中心值的情况，500 hPa由80减小到30，700 hPa是80，850 hPa是80；3日20时结束时，500 hPa是30，700 hPa是40，850 hPa是60。所以，系统性暴雪的开始和发展阶段，相对湿度都在80左右；500 hPa相对湿度明显减小时，降雪减弱；各层演变为60及以下值时，降雪结束。相对湿度最大值附近区域是主要降雪落区。

2 结论

（1）烟台暴雪基本可分为系统性、对流性和冷流性暴雪。有时一次暴雪过程，不只是一种性质的降雪产生的。从垂直速度场可分析属于哪种性质的暴雪过程，降雪过程中各层都是上升运动，如2013年2月3日烟台暴雪属于系统性暴雪过程；500 hPa和700 hPa是下沉运动，850 hPa是上升运动，如2012年12月23日烟台暴雪属于对流性暴雪过程；500 hPa、700 hPa和850 hPa都是下沉运动，属于冷流降雪，如2012年12月5日烟台暴雪开始时是系统性降雪，主要降雪时段是冷流降雪。

（2）系统性、对流性和冷流性暴雪过程，垂直速度场特征演变规律存在明显差异，其他物理量场特征演变规律存在差异但差异不大。对降雪开始、发展和减弱时间，应该针对不同性质的降雪有区别地进行分析；对降雪结束时间分析，由于降雪结束时段的物理量特征存在共性，即500 hPa风场转西风或西北风或气温场回暖，或850 hPa是下沉运动或相对湿度为70%以下、温度露点差为4.0℃以上，是降雪结束的物理量场特征，可依此预报降雪结束时间。

（3）依据温度露点差场和相对湿度场，可分析降雪的主要落区。相对湿度最大值或温度露点差最小值附近区域，是降雪的主要落区。850 hPa相对湿度在70%及以上有利于降雪，在70%以下不利于降雪；温度露点差在4.0℃及以下有利于降雪，在4.0℃以上不利于降雪。

（4）高度场、风场、气温场、垂直速度场、温度露点差场和相对湿度场等要素中，有利于降雪的要素越多，即概率越高，降雪的可能性越大，反之则越小。

参考文献

［1］朱乾根，林锦瑞，寿绍文，等．天气学原理和方法［M］．北京：气象出版社，2007．

［2］郑丽娜，石少英，侯淑梅．渤海特殊地形对冬季冷流降雪的贡献［J］．气象，2003，29（1）：49-51．

［3］周淑玲，丛美环，吴增茂，等．2005年12月3～21日山东半岛持续性暴雪特征及维持机制［J］．应用气象学报，2008，19（4）：444-453．

［4］刁秀广，孙殿光，付长静，等．山东半岛冷流暴雪雷达回波特征［J］．气象，2011，37（6）：677-686．

［5］李建华，崔宜少，单宝臣．山东半岛低空冷流降雪分析研究［J］．气象，2007，33（5）：49-55．

［6］杨成芳，李泽椿，李静，等，山东半岛一次持续性强冷流降雪过程的成因分析［J］．高原气象，2008，27（2）：442-450．

山东半岛一次连续降雪过程的中尺度特征分析

杨　琳
（烟台市万千气象服务有限责任公司，烟台　264003）

【摘要】本文对2018年1月22日至29日影响山东半岛的一次连续降雪过程进行中尺度分析，从环流形势、中尺度系统演变等多角度进行分析研究，发现：行星尺度和中尺度系统的演变对天气过程的演变有决定性影响，而高空低槽、低层切变线、地面冷高压前冷锋等系统相互配合，使冷暖空气交汇产生系统性强降雪过程。

【关键词】连续降雪；冷流降雪；气候特征；成因

随着社会经济的不断发展，城市水资源的开发和利用显得尤为重要。降雪是山东半岛重要的淡水补给形式之一，充足的降水量对缓解半岛地区用水紧张的局面有着重要影响。同时，降雪又是北方主要的灾害性天气之一[1, 2]，特别是极端降雪事件频频发生，严重威胁人民的生命、财产安全，对社会经济建设造成巨大损失。例如，2005年12月山东烟台、威海两地连续三次遭受强降雪袭击，烟台市的降水量为1951年建站以来历年同期的最大值，威海市的降水量也为1959年建站以来历年同期的最大值，致使交通瘫痪、高速封路，直接经济损失达5亿元以上。诸多学者对冷流降雪进行了研究，已经建立了比较成熟的理论体系和预报指标，而针对长时间的连续降雪的形成机制和预报指标的研究，对丰富预报员的预报经验也具有长远意义。

1 研究数据

受持续的冷空气影响，2018年1月22日至29日，烟台每天都出现了降雪。8 d全市平均总降水量达12.3 mm，较常年同期明显偏多近八成。11个县市区都出现了明显有量降雪，最大总降水量出现在昆嵛山保护区，为23.1 mm；其次是莱山区和高新区，为18.3 mm；北部各县市区降雪总量都在10 mm以上。较大的降雪时段出现在22日00时至16时、23日08时至15时、23日20时至24

日18时和27日18时至28日16时。

如图1所示，22日00时至16时时段的强降雪，烟台市区和长岛、蓬莱、龙口等地的降水量达到暴雪蓝色预警信号级别。

2 结果及分析

2.1 北半球中高纬环流形势

北半球极涡呈多极型，冷空气活动频繁。阻塞高压存在，当阻塞高压减弱消失时，冷空气就会爆发南下。21日08时，位于俄罗斯陆地上有一个强低涡中心，低涡控制东西伯利亚大部分地区，其西侧不断有位于新地岛向南西西伯利亚地区的一个强阻塞高压带前的冷空气直接南下，低涡在我国东北北部向西经蒙古国一直到乌拉尔山一带，有一明显的横槽，将很快转竖东移南下影响我国大部分地区。中心在新地岛附近的阻塞高压，其南侧东西路冷空气逐渐打通，高压孤立后将很快减弱，其西侧位于波罗的海的低涡在后侧高压脊和北来的冷平流作用下将强势发展东移爆发南下。所以，从21日的北半球环流形势看，未来2～3周将会有多股强冷空气影响我国。行星尺度天气系统的演变，是此后烟台连续多天降雪天气产生的最根本原因。

2.2 1月21—22日过程天气尺度系统演变

从21—22日高空高低层环流形势演变可以看出，降雪开始前，山东半岛地区有暖湿平流存在，位于鄂霍次克海附近的低涡西侧有横槽转竖东移南下影响，低层850 hPa图上华北地区到西南方向有一切变，在21日夜间到22日白天过境影响半岛地区。850 hPa图上，蒙古国以南至我国华北南部，等温线密集，呈东西向，与西北向风场存在较大交角，冷平流较强，至22日20时，半岛北部气温已降至-12℃以下。这是一次高空低槽、低层切变、地面冷高压前冷锋等系统相互配合，冷、暖空气交汇产生的系统性强降雪过程。

2.3 1月23日08—15时过程天气尺度系统演变

分析23日08时500 hPa和850 hPa环流形势场，高、低空都处于冷涡的南侧，没有明显的低槽移动和横槽转竖，但冷涡西侧和南侧为一致的强西北冷平流，850 hPa图上风场与等温线交角仍然较大，半岛北部气温已达-20℃，冷流降雪的温度指标非常好。

23日02时EC预测地面风场中，渤海海峡北部出现气旋式风场辐合线，随后辐合线随风向南移动，至08时到达烟台北部沿海。这是明显的气旋式风场辐合，是冷流强降雪的另一指标，烟台北部强降雪又一次开始。这是一次明显的强冷空气作用下的冷流降雪。

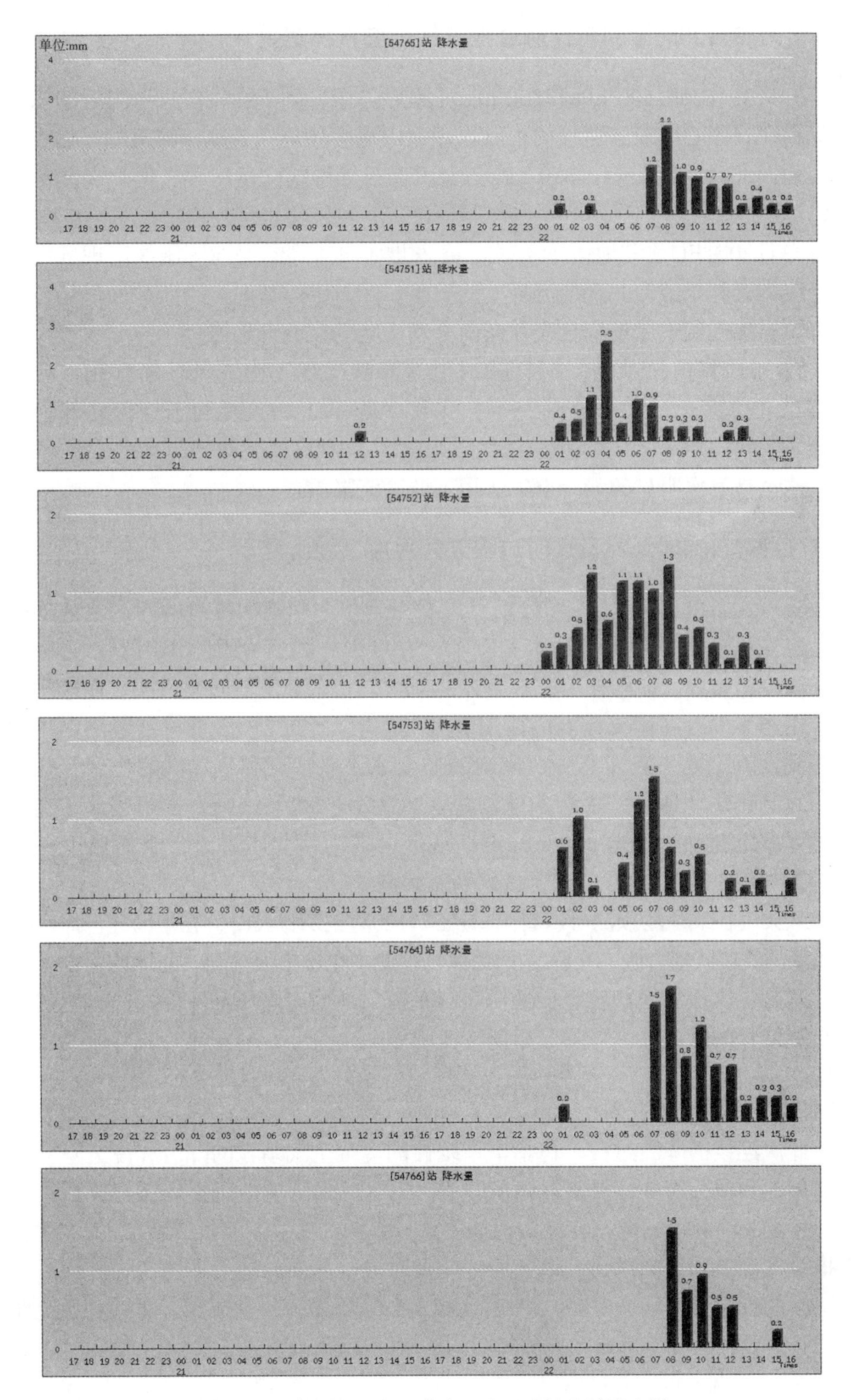

图1 2018年1月21日16时至22日16时每小时降水量

2.4　1月23日20时至24日18时过程天气尺度系统演变

分析23日20时500 hPa和850 hPa环流形势场，位于鄂霍次克海附近的强低涡仍存在，中心略东移但移动距离很短，山东半岛仍处于冷涡的南侧，仍受一致的强西北冷平流影响，850 hPa图上风场与等温线交角减小，但半岛北部气温仍达-20℃。

23日20时EC预测地面等压线，黄海北部向西到渤海湾等压线出现气旋式辐合线，有利于烟台北部冷流降雪的发生。24日05—17时，预测地面风场，渤海海峡出现气旋式风场辐合线并向南移动影响烟台北部地区。

T639预测地面风场，24日02时渤海海峡出现气旋式风场辐合线，且预测整个北部海面风向一直到25日白天都是近乎正北，有利于烟台北部地区的降雪。

这也是一次明显的强冷空气作用下的冷流降雪。

2.5　1月27日18时至28日16时过程天气尺度系统演变

分析27日08时500 hPa形势场可以看出，位于鄂霍次克海的冷涡之前的中心已经东移减弱，但在贝加尔湖以东，在冷中心和强冷平流作用下，重新生成一个冷涡中心，向西伸出非常明显的横槽，将东移南下影响我国。而27日08时，山东半岛处在南支槽前的西南暖湿气流中。850 hPa图上可以看出四川盆地直到江苏，是一条东北—西南向的切变线，非常有利于水汽的积聚，暖平流一直到达华北地区，水汽条件较好。28日08时500 hPa图上横槽明显转竖，到达了华北地区，低层850 hPa半岛地区已转为西北冷平流，半岛温度已降至-12℃～-16℃。28日白天受强冷平流影响。

从天气在线风场预测可以看出，从27日20时到28日16时，在半岛北部海区存在风场的气旋式辐合线。在EC的地面风场预测中也预报出气旋式的风场辐合。

这是一次冷涡横槽转竖、低层暖湿平流、地面冷高压前冷锋共同影响的冷暖平流结合的系统性强降雪、后期冷流降雪。

3　结论

此次连续的降雪过程，包括了系统性的冷暖空气结合的降雪和冷流降雪。在前期的预报分析中，要从多角度着手，对天气形势的研判不仅要把握行星尺度，还要关注降雪的分布特征。根据冷流降雪的产生机制和气候特征[3]，注意把握海气温差和低空风向、风速的变化及对流层低层的热力不稳定等。针对冷流降雪的指标要仔细考虑850 hPa温度和地面风场辐合两个指标，而针对系统性的降雪，要仔细分析影响系统和其开始的时间、影响范围。

参考文献

［1］刘学刚，张金艳，郭丽娜，等．青岛地区降雪时空特征及环流成因分析［J］．中国农学通报，2016，32（32）：144-157.

［2］汪箫悦，王思远，尹航，等．2002—2012年青藏高原积雪物候变化及其对气候的响应［J］．地球信息科学学报，2016，18（11）：1573-1579.

［3］高晓梅，杨成芳，王世杰，等．莱州湾冷流降雪的气候特征及其成因分析［J］．气象科技，2017，45（01）：130-138.

卫星反演大雾产品在胶东半岛地区的应用研究

孟文童

（烟台市气象局，烟台 264003）

【摘要】雾导致能见度降低，会对交通运输、海洋捕捞和港口作业以及军事活动等造成不良影响，危害公共安全，造成经济损失。本文应用地面观测站点的能见度数据，对山东省气象局提供的风云4号（FY-4）和葵花8号（H8）气象卫星大雾监测反演产品在胶东半岛地区的适用性进行对比分析，并得出结论：两者对雾区识别的一致性较高；两者对胶东半岛地区大雾监测都有一定的参考价值，尤其是在夜间缺乏可见光云图资料的情况下；两者的稳定性、准确性均有待进一步提高。

【关键词】FY-4A；葵花8号；雾监测

雾监测的常规手段是依靠地面气象观测站点进行监测。但由于地面气象观测站点数量十分有限，且分布不均，使得这种监测手段具有很大的局限性，只能对很有限的区域进行监测，无法满足对大范围区域进行实时监测和预报的需求。卫星遥感技术的发展，为解决这一难题提供了可靠的技术手段。卫星遥感技术根据不同物体具有不同的光谱辐射特性，通过卫星上装载的各种光谱波段的传感器远距离感知目标，获取目标在各个波段的光谱信号，然后通过对信号的各种处理，提取出所需的信息，从而实现对目标地物的探测和识别。卫星遥感数据具有实时、动态、覆盖范围广、信息源可靠等优势，能够客观地对雾进行实时、大范围的识别监测。

国外学者从20世纪70年代就开始运用气象卫星开展识别雾的研究，并取得了一定的进展。1973年Hunt[1]利用大气辐射传输模型，发现低云及雾的比辐射率在中红外波段明显小于热红外波段。在此理论基础上，Eyre[2]利用NOAA极轨气象卫星资料，提出了双通道差值法，用于夜间雾监测。之后，Turner[3]、Allam[4]及De Entrement[5]等学者也用类似的方法针对不同的卫星传感器进行了云雾识别的研究，发展了双通道差值法。但由于低层云与雾的红外特性十分接近，该方法对于二者的分辨还存在一定的困难。

近年来，Ellord、Thomas等[6][7]用Terra-MODIS和MSG-SEVIRI数据进行地面雾的监测，研究了分离雾和低云的方法。Bendix[8]等利用MSG-SEVIRI资料，发展了一种新的动力学阈值区分雾和低云的方法。Bendix[9]引入增强的双通道红外辐射差方法，利用GOES卫星资料监测大尺度的雾和低云，该方法仅在监测大尺度目标时效果良好。Chaurasia[10]等基于双通道差值法，使用印度静止卫星INSAT-3D可见光通道和热红外两个通道数据观测日间雾。Ahmed[11]等使用MODIS和NOAA数据监测印度河—恒河流域、印度北部2010—2011年的夜间雾，并改进了阈值。

国内也有很多此方面的研究。居为民[12]等尝试使用NOAA和GMS卫星数据对沪宁高速公路大雾进行监测，结果表明了该方法的可行性。李亚春[13]等用静止气象卫星GMS-5资料，对沪宁高速公路的大雾生消进行实时监测，取得了较好的效果。梁益同等[14]提出了利用我国FY-1D气象卫星监测雾的方法，并指出可见光波段1和红外波段4是FY-1D卫星监测雾的代表波段。吴晓京等[15]提出了应用FY-2气象卫星资料来预测我国中东部地区大雾消散时间的算法。何月等[16]基于MTSAT静止气象卫星观测数据，采用分级判识太阳高度角阈值和归一化大雾指数的方法，构建了浙江省及其周边海区陆地和海上遥感大雾监测模型。

1 个例分析

山东省气象局提供了应用FY-4A气象卫星资料和葵花8号（Himawari 8，H8）气象卫星资料反演的大雾监测产品，时间分辨率有1 h及10 min两种可供选择。

H8卫星拥有0.5～1 km的VIS通道分辨率和2 km的IR通道分辨率，且时间间隔为10 min；FY-4A拥有0.5～1 km的VIS通道分辨率和4 km的IR通道分辨率，且不同时次扫描的范围不同，时间分辨率也不同。在日常业务中，H8卫星通道齐全，且由于该卫星投入使用时间较长，针对其的研发较多，产品更新换代较为频繁，可靠性也较强。FY-4A数据产品更加稳定，产品的获得更加便捷，能满足实际业务中对时效性和数据稳定性的要求，更有利于业务开展。

以2020年3月7日卫星监测海雾产品检验为例，探讨山东省气象局卫星反演雾产品在胶东半岛地区的适用性。

由于大雾在傍晚开始出现，所以光云图不可用，无法通过云图主观判断雾区位置。根据地面观测站点能见度数据判断，18时能见度低于1 km的大雾主要分布在渤海海面，尚未登陆，半岛陆地有轻雾。FY-4A和H8大雾监测产品都识别出了海面上的雾区，但半岛东部被误判为大雾区；并且根据地面观测数据，辽东半岛东部海面仅局部有轻雾，而FY-4A和H8大雾监测产品将对应区域判别为大雾区。这说明该时次两种大雾监测产品均存在对大雾区域误判的情况。此外， 18时FY-4A和H8大雾监测产品识别的雾区均不连贯，FY-4A大雾监测产品在渤海海峡及半岛中部、H8大雾监测产品在莱州湾均有拼接痕迹。

20时大雾登陆，蓬莱部分地区能见度降至1 km以下，半岛西部部分站点能见度降至1 km以下。本时次FY-4A和H8大雾监测产品识别的雾区高度一致，但与地面观测站点的能见度实况仍不完全相符。

8日0时，山东半岛大部分地区、黄海渤海以及沿岸地区观测站点能见度降低至1 km以下，雾区扩大，FY-4A和H8大雾监测产品识别的雾区与地面观测站点的情况较为一致，两者都能够及时对雾区动态给予反应。但FY-4A大雾监测产品识别的雾区呈絮状，与真实的大雾情况不符，推测是由于卫星信号不稳定或受到干扰。

8日08时，大雾维持，但FY-4A和H8大雾监测产品仅在渤海海面、黄海北部沿海地区识别出了大雾，半岛陆地的大雾未识别。本时次FY-4A大雾监测产品在渤海地区的雾区识别范围略大于H8大雾监测产品。

8日10时，渤海海面大雾仍持续，胶东半岛地区能见度转好。FY-4A和H8大雾监测产品都能反映出雾区动态。本时次FY-4A大雾监测产品在渤海地区的雾区识别范围仍略大于H8大雾监测产品。

此外，在本次过程中，FY-4A大雾监测产品出现部分时次数据缺失的情况。在日常业务应用中，H8大雾监测产品有时无法获取。

2 结论

山东省气象局提供的FY-4A和H8卫星的大雾监测产品表现出以下特点。

（1）对雾区的识别一致性较高。在本次大雾过程中，通过对不同时次的FY-4A和H8卫星的大雾监测产品对比分析，二者对大雾区域的判别较为相似。

（2）在胶东半岛地区及沿海海面大雾监测中有一定的参考价值。两者都识别出了本次过程中的大雾，并且都能够及时对雾区扩大和消散的动态给予反应，尤其是在夜间缺乏可见光云图资料的情况下，可以为监测雾区提供参考。

（3）产品的稳定性、准确性还有待进一步提高。本次过程中，有多个时次两者识别的雾区与地面观测站点的能见度实况不完全相符、部分时次的部分区域存在漏判或误判、部分时次产品雾区图像不连续、FY-4A大雾监测产品部分时次数据缺失等问题有待进一步提升。

参考文献

[1] Hunt G E. Radiative Properties of Terrestrial Clouds at Visible and Infrared Thermal Wavelengths [J]. Quarterly Journal of the Royal Meteorological Society, 1973, 99: 346-369.

[2] Eyre J R, Brownscombe J L, Allam R J. Detection of Fog at Night Using Advanced Very High Resolution Radiometer (AVHRR) Imagery [J]. Meteorology Magazine, 1984, 113: 266-271.

[3] Turner J, Allam R J, Maine D R. A Case Study of the Detection of Fog at Night Using Channels 3 and 4 on the Advanced Very High Resolution Radiometer (AVHRR) [J]. Meteorol Magazine, 1986, 115: 285-297.

[4] Allam R. The Detection of Fog from Satellites [C]. In Proceedings of a Workshop on Satellite and Radar Imagery Interpretation, 1987: 495-505.

[5] De Entrement R R. Low-and mid-leve Cloud Analysis Using Nighttime multi-spectral Imagery [J]. Clim Appl Meteor, 1986, 25 (12): 1853-1869.

[6] Ellrod G P. Advances in the Detection and Analysis of Fog at Night Using GOES Multispectral Infrared Imagery [J]. Weather and Forecasting, 1995, 10: 606-619.

[7] Thomas F L, Turk F J, Richardson K. Stratus and Fog Products Using GOES-8-9 3.9μm Data [J]. Wea Forecasting, 1997, 12 (3): 664-677.

[8] Bendix J, Thies B, Cermak J. Fog Detection with TERRA-MODIS and MSG-SEVIRI [C]. Weimar: EUMETSAT, 2003: 429-435.

[9] Bendix J, Thies B, Cermak J, et al. Ground Fog Detection from Space Based on MODIS Daytime Data [J]. Wea and Fore, 2005, 20: 989-1005.

[10] Chaurasia S, Gohil B S. Detection of Day Time Fog Over India Using INSAT-3D Data [J]. IEEE Journal of Selected Topics in Applied Earth Observations & Remote Sensing, 2015, 8 (9): 4524-4530.

[11] Ahmed R, Dey S, Mohan M. A Study to Improve Night Time Fog Detection in the Indo-Gangetic Basin Using Satellite Data and to Investigate the Connection to Aerosols [J]. Meteorological Applications, 2016, 22 (4): 689-693.

[12] 居为民，孙涵，张忠义，等. 卫星遥感资料在沪宁高速公路大雾监测中的初步应用 [J]. 遥感信息，1997，3：25-27.

[13] 李亚春，孙涵，徐萌. 气象卫星在雾的遥感监测中的应用与存在的问题 [J]. 遥感技术与应用，2000，15 (4)：223-227.

[14] 梁益同，张家国，刘可群，等. 应用FY-1D气象卫星监测雾 [J]. 气

象，2007，33（10）：68–72.

［15］吴晓京，张苏平．大雾消散卫星遥感临近预报及消散型分类——我国中东部案例研究［J］．自然灾害学报，2008，17（6）：134–138.

［16］何月，张小伟，蔡菊珍，等．基于MTSAT卫星遥感监测的浙江省及周边海区大雾分布特征［J］．气象学报，2015（1）：200–210.

连续两次强风暴过程的诊断分析

王日东　王宏昌　林曲凤
（烟台市气象局，烟台　264003）

【摘要】本文利用常规天气资料、物理量资料、多普勒天气雷达和风廓线雷达资料，结合烟台当地的地形条件，对2009年6月29—30日影响烟台市的两次强风暴过程进行了分析，结果表明，这是两次连续的典型低涡横槽型强风暴天气，低涡槽后冷空气和副高西侧暖湿气流结合，形成了不稳定的大气层结；海陆风锋区配合天气尺度冷锋，触发不稳定能量的释放，促使了强风暴的发生；莱山和艾山山脉起到了抬升气流加速上升运动和层结热力不稳定的作用；对流有效位能CAPE较好地反映出大气不稳定能量的调整、积聚和释放过程；风廓线雷达水平风场产品较好地反映出垂直风切变存在的时间和强度，垂直风切变促进了对流性不稳定层结的形成和加强；超级单体风暴呈现出典型的钩状回波，并出现了指示冰雹存在的三体散射回波，在雷达径向速度图上，强中气旋的特征非常明显。

【关键词】超级单体风暴；低涡横槽；海陆风；对流有效位能CAPE；垂直风切变；钩状回波

强风暴影响过程中，常伴随出现各种级别的龙卷、冰雹、下击暴流等严重灾害性天气，能引发严重的自然灾害，其中超级单体风暴出现的天气现象又比其他类型的强风暴严重得多。2009年6月29—30日，烟台市区及所辖的栖霞市、莱阳市和海阳市就遭受了两次多个超级单体风暴的袭击，单日最大降水出现在莱山区河北村站，为125.1 mm，陆地区域自动站监测到的极大风力为24.4 $m \cdot s^{-1}$，栖霞市出现龙卷风，烟台市区和莱阳市的部分地区出现冰雹。庄稼、树木倒折，房屋倒塌、进水，广告牌、空调等被刮落，据统计全市约13.3万人受灾，农作物受灾面积1.1万公顷，直接经济损失达5 869万元。

近年来，许多学者都对强风暴进行过研究。李鸿洲[1]对突发性强风暴环境流场进行了研究。仲荣根[2]对强风暴的中尺度结构特征及强风暴与暴雨的大尺度结构差异进行了研究。本文综合利用各种观测资料（图略），结合地形

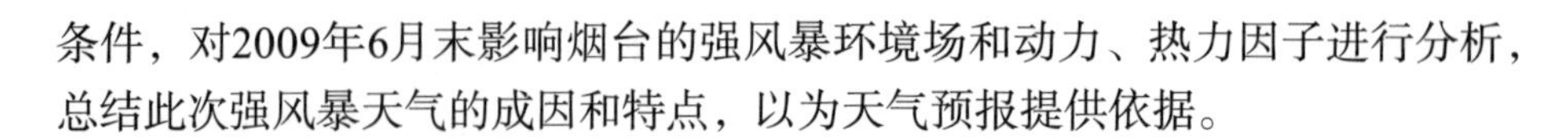

条件，对2009年6月末影响烟台的强风暴环境场和动力、热力因子进行分析，总结此次强风暴天气的成因和特点，以为天气预报提供依据。

1 风暴概况

两次强风暴过程，极大风力均达10级，且都出现了最大直径约1 cm的冰雹。不同的是，29日的强风暴过程，全市自动站监测最大降水为28.3 mm，而30日的第二次强风暴过程，全市自动站监测最大降水达125.1 mm，达大暴雨量级。另外，29日的各强风暴间是相互隔绝的，而30日的强风暴是沿着已有的热力/湿边界移动的。因此依据降水强度和空间分布特征[3]，可判断29日的强风暴为经典超级单体风暴，30日的强风暴为强降水超级单体风暴。

2 风暴发生发展的条件

2.1 高空环流形势

强风暴发生前的28日08时，500 hPa上贝加尔湖以东115° E、47° N附近地区形成一个冷涡，冷涡向南伸出一低槽，向西北伸出一横槽，冷空气从涡后沿偏北气流向南输送。中、低层700 hPa和850 hPa上，沿山东西部—河南—湖北一线有东北—西南向的切变线，副高西侧一支西南气流从南海向北输送暖湿水汽，直达山东半岛地区，低层具有了丰富的水汽。其后，冷涡进一步东移南压，29日08时，中心越过120° E，到达42° N附近，半岛位于低涡底部，开始逐渐受到低涡槽后南下的西北冷空气影响，半岛位于−8℃～−12℃，而850 hPa上，半岛地区则为暖区，温度在20℃左右，850 hPa与500 hPa的温差即$T_{850}-T_{500}\geqslant 30$℃，形成了上冷下暖的温差非常大的不稳定大气层结，为其后15—17时强风暴的发生提供了极为有利的条件。而在低涡东移的同时，其西侧的横槽也东移逐渐转竖南压，30日08时，到达了华北中部地区，低层850 hPa上，半岛地区维持着20℃的暖舌，高空冷空气的补充，使得$T_{850}-T_{500}\geqslant 30$℃仍然存在，这也为30日15—18时第二次强风暴的发生提供了不稳定层结条件。总的来看，这是两次连续的典型低涡横槽型强风暴天气。

2.2 地面环流形势

28日08时，蒙古东部地区有一气旋，气旋逐渐东移并南压，至29日14时，中心移至内蒙古与吉林交界处，中心气压一直维持995 hPa，伴随的冷锋也到达山东中部地区。冷锋15时左右开始影响半岛地区，触发不稳定能量的释放，第一次强风暴袭击。30日05时，蒙古高压生成，东移南压，锋面在14

时前后到达山东中部地区，而半岛及北部海面此时存在一风场辐合中心，东北—西南向山东中部存在南北风的切变线，低层水平涡度较强，风暴沿切变线生成，切变线东移，风暴随之移动，15—18时，烟台遭受第二次强风暴袭击。

2.3 地形的作用

2.3.1 海陆风作用

烟台位于山东半岛东部，其西侧为莱州湾，北侧濒临黄、渤海，由于海洋热容量大，温度变化幅度较陆地小，中午前后易出现很强的海陆风。此两次强风暴过程的发生，海陆风起了重要的作用，形成了海陆风锋区，冷空气南下影响，抬升了海上的湿润空气，使海陆风锋区加强，促使了强风暴的发生。受莱山山脉阻挡和下垫面摩擦作用增大的影响，风速又辐合，且风向逆时针旋转，形成向低压一侧偏转。海陆间水平温度梯度存在，海陆风就存在。连续的多普勒雷达反射率因子产品能很好地监测海陆风的生成和消亡过程。以29日强风暴为例，08时烟台西侧和北侧距海岸线10 km范围内就开始出现平行于海岸线的强度为15～25 dBZ的带状回波，随后带状回波逐渐往内陆移动且强度加强，14时左右距海岸线30 km范围内能看到近似呈直角形的带状回波，最大强度达到了35～40 dBZ,其后带状回波继续往内陆移动，影响烟台的超级单体风暴强反射率因子回波均沿此回波带出现。海陆风锋区配合天气尺度冷锋，触发不稳定能量的释放，促使了强风暴的发生。

2.3.2 地形的抬升和热力作用

烟台大部分为丘陵地带，北侧37.2° N附近有一条与海岸线近似平行的东西向的莱山山脉，总长度约210 km，山脉高度超过500 m的有7处之多，另外西侧有一条东北—西南向的艾山山脉，天气易受地形的影响。两次强风暴过程中，带状的海陆风锋区强度回波由近岸向内陆移动，气流爬山时产生上升运动，触发不稳定能量释放，气流过山后迅速下沉，表现为回波迅速发展加强，强风暴发生。另外，山脉的南坡和东坡，由于日射强、增温快、午后空气层结热力不稳定，从北和从西而来越山的下沉冷平流抬升热空气也使对流强烈发展。

2.4 对流有效位能

对流有效位能CAPE是一个能定量地反映大气环境中是否可能发生深厚对流的热力变量，其水平分布特征与天气系统密切相关，能较好地反映大气不稳定能量的调整、积聚和释放过程。它被广泛应用于国内外强对流天气的诊断分析。本文选取同处山东半岛靠烟台地区较近的成山头和青岛两个探空站的CAPE来说明本次过程中的能量变化特征。图1就是两个探空站的CAPE随时间

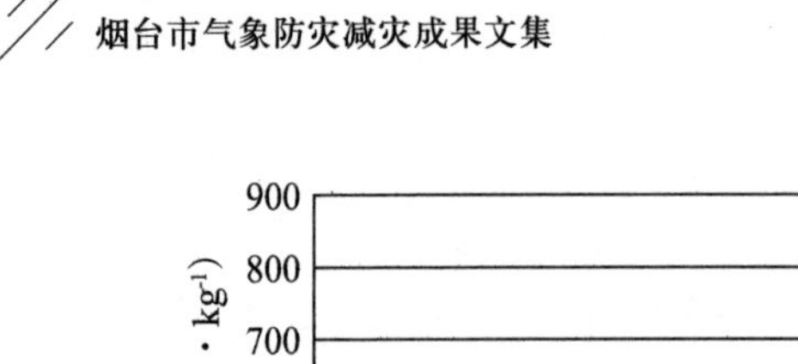

图1　成山头和青岛的CAPE随时间的变化

的变化图。可以看出，青岛站的CAPE从28日08时开始逐渐增加，到29日08时达到第一次峰值257.5 J·kg^{-1}，其后减小，从29日20时开始又急剧增加，到30日08时达到最大峰值826.6 J·kg^{-1}，其后又急剧减小，经历了两次增大减小的过程。而成山头29日强风暴过程前后的CAPE为0，30日强风暴过程的CAPE值变化趋势与青岛一致，这与成山头位于烟台东部，29日系统未影响到有关。CAPE达最大时，正是对流形势发展最旺盛的时期，而其后的减小过程，则是由于强风暴发生后大量的对流有效位能释放。由图1还可以看出，能量的释放过程比积累过程要快。

2.5　垂直风切变

以29日强风暴过程为例（图2），13时前，风场基本是偏西南风，且风向随高度顺时针旋转，说明中低层有暖平流。13时，高度0～1.3 km和2.3～3 km风向开始逐渐转为东北风，说明有冷空气侵入，而1.3～2.3 km仍维持风速较大的偏西南风，存在急流轴，此时，中低层就出现了风向和风速的强垂直风切变，促进了对流性不稳定层结的形成和加强。另外，切变强反映出大气斜压性强[4]，促进了低涡横槽等天气尺度扰动的发展，提供了强的上升气流，为对流起始发展创造了条件。高空急流逐渐发展为有组织的强对流系统，并使云柱不断更新。17时后，垂直风切变基本消失，而此次的强风暴过程也逐渐结束。30日的强风暴过程，垂直风切变也非常明显。

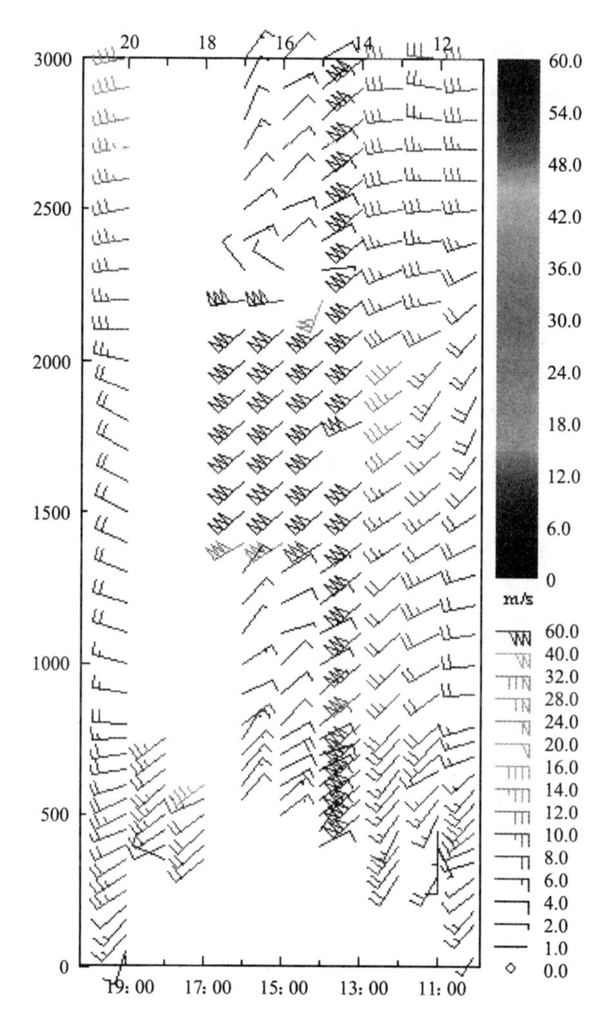

图2　烟台29日10—20时风廓线雷达风场

3 多普勒雷达回波特征

从雷达连续观测资料来看，2009年6月29—30日烟台发生了两次强风暴影响过程，有许多对流单体生成，且有几个对流单体发展成为超级单体风暴，生命史达5～6小时，回波强度的水平尺度达40～50 km。选取30日影响烟台市莱山区产生大暴雨、冰雹和10级瞬时大风的超级单体风暴来进行分析研究。0.5°仰角反射率因子产品，初探测到对流单体在福山区出现时，其中心强度就达50～55 dBZ，后经12 min，中心强度就增强到了60～65 dBZ，对流发展迅速而强烈，其后逐渐发展为超级单体风暴，影响莱山区。超级单体风暴呈现出典型的钩状回波，钩状回波位于风暴移动方向的右后侧。若干个从栖霞和福山生成的对流单体东移到莱山区，或并入之前的超级单体，或独立发展，出现了指示存在冰雹的三体散射回波。有1～2个超级单体风暴成熟阶段中的气旋的最大旋转速度为27 m·s^{-1}，依据中气旋识别的转动速度判断，属强中气旋。

4 结论

（1）29日的强风暴主要属于经典超级单体风暴，30日的强风暴主要属于强降水超级单体风暴。

（2）这是两次连续的典型低涡横槽型强风暴天气，低涡槽后冷空气和副高西侧暖湿气流结合，形成了不稳定的大气层结。

（3）海陆风锋区配合天气尺度冷锋，触发不稳定能量的释放，促使了强风暴的发生。

（4）莱山和艾山山脉起到了抬升气流加速上升运动和层结热力不稳定的作用。

（5）对流有效位能CAPE较好地反映出大气不稳定能量的调整、积聚和释放过程。

（6）风廓线雷达水平风场产品较好地反映出垂直风切变存在的时间和强度，垂直风切变促进了对流性不稳定层结的形成和加强。

（7）超级单体风暴呈现出典型的钩状回波，并出现了指示冰雹存在的三体散射回波，在雷达径向速度图上，强中气旋的特征非常明显。

参考文献

［1］李鸿洲．珠江三角洲突发性强风暴环境流场研究［J］．大气科学，1990（3）：373-378．

［2］仲荣根．强风暴的中尺度结构特征及强风暴与暴雨的大尺度结构差异［J］．热带气象学报，1992（3）：245-253．

［3］俞小鼎，姚秀萍，熊廷南，等．新一代天气雷达原理与应用讲义［M］．北京：气象出版社，2000．

［4］曹钢锋，张善君，朱官忠，等．山东天气分析与预报［M］．北京：气象出版社，1988．

烟台市区一次较严重霾的气象条件浅析

潘旭光　黄本峰　武　强　周志波
（烟台市气象局，烟台　264003）

【摘要】利用气候资料、常规气象资料、风廓线雷达资料及污染物资料，分析2014年3月27日发生在烟台市区的一次较严重的霾过程中的天气形势、气象要素、中低空扰动、海陆风对$PM_{2.5}$的AQI的影响。结果表明，干燥的气候背景有利于霾天气的产生，上游污染物的生消和传输对霾的产生有影响，吹海风时加重城区$PM_{2.5}$的浓度，$PM_{2.5}$对中低空扰动很敏感，扰动越靠近地面，污染物下降越明显。

【关键词】较严重的霾；中低空扰动；海陆风

霾是大量极细微的干尘粒等均匀地浮游在空中，使水平能见度小于10 km的空气普遍浑浊的现象。[1]近些年来，随着空气质量逐渐恶化，霾出现的频率越来越高，越来越引起政府和社会的关注。对于霾的研究已有很多，但对于山东半岛，特别是烟台地区霾的研究未见文献。烟台作为环渤海经济圈的重要城市之一，也受到了霾的严重影响。因此，笔者针对烟台市区一次较强霾进行了分析，以期能对烟台乃至山东半岛地区霾的预测、防治起到积极作用。2014年3月27日，受霾的影响，烟台市区环境空气质量指数连续19 h达到重度污染程度，首要污染物为$PM_{2.5}$（环境空气动力学当量直径小于等于2.5μm的颗粒物），是今年以来污染最严重的一次。针对这次过程，本文利用气象常规资料、自动站资料、风廓线雷达资料、数值预报产品以及烟台市环保局提供的逐小时污染物AQI（空气质量指数）资料，分析了天气形势、中低空扰动以及海陆风等气象条件对污染物浓度的影响，以期能总结霾的天气条件下污染物浓度变化及分布特点，并提高对霾的预报能力。

1　气候背景和资料

2014年3月，烟台全市平均气温为8.0℃，与常年比偏高3℃，降水1.7 mm，较常年偏少9成，天干物燥，污染物得不到去除。另外，3月27日之前烟台市区连续17 d无降水，连续6 d为6级以下的西南风，无大风天气。而霾日出现与月最长连续无降水日数成正相关[2]，且大风天气过程对颗粒物$PM_{2.5}$的净化效果较为彻底，大风过程之后，$PM_{2.5}$可以较长时间维持在低浓度水平[3]。干燥和无大风为霾的产生创造了有利的条件。

据统计，2014年3月下旬烟台站观测到霾的日数为10 d，而去年同期没有观测到霾。从统计的3月下旬烟台市11个市、县、区大监站记录霾的日数来看，沿海地区多于内陆地区，北部沿海地区多于中部内陆、南部沿海地区，东部地区多于西部地区，并且较去年同期都明显增多，这可能与城市经济指标[4]有关，烟台东北部沿海地区经济发展速度较快一些，城市污染程度也更高。

本文使用的资料包括常规气象站资料、自动气象站资料、风廓线雷达资料、探空资料以及由烟台市环保局提供的市区六站的SO_2、NO_2、PM_{10}、$PM_{2.5}$逐小时AQI资料。其中，风廓线雷达位于烟台观测站，探空资料用青岛和威海荣成探空站每天08时和20时的探空资料。

2 污染实况

《空气质量指数（AQI）分级技术指标》规定，当AQI>200时，空气质量状况为重度污染，超过300时为严重污染。烟台市区受霾的影响，空气质量恶化，但各污染物的变化有各自特点。利用烟台市环保局提供的每天24次的城区6站24小时4种污染物平均浓度，作SO_2、NO_2、PM_{10}、$PM_{2.5}$的AQI随时间变化曲线（图1）。由此可以看出，$PM_{2.5}$污染指数明显高于其他三种，为首要污染物，并且有“单峰型”演变特征[5]；$PM_{2.5}$和PM_{10}对霾的形成起主要作用[6]；自27日02时到09时，$PM_{2.5}$污染指数逐渐提高，27日03时到19时超过200，达重度污染水平。

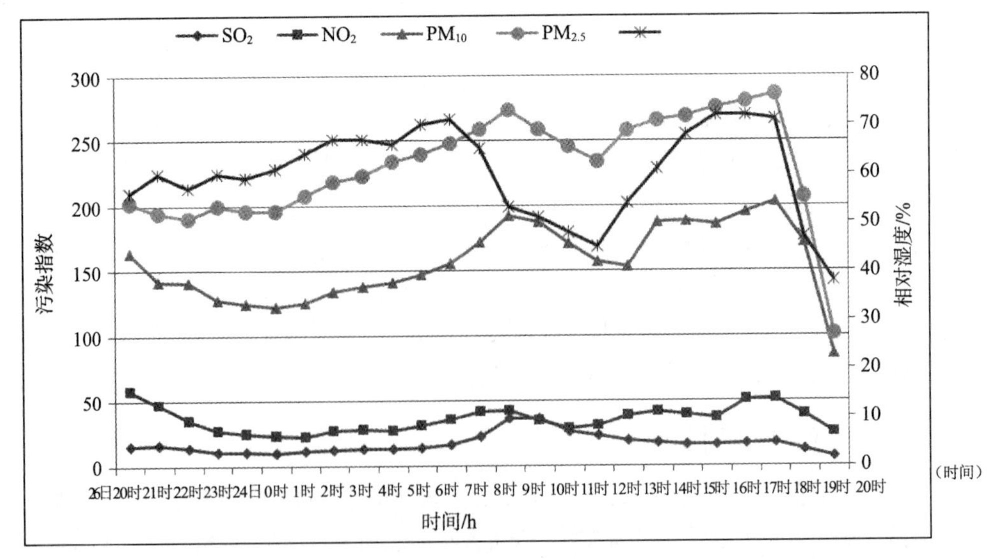

图1 26日20时至27日20时平均每小时$PM_{2.5}$、PM_{10}、NO_2、SO_2污染指数变化和烟台站湿度实况

3 环流形势特征和气象要素分析

从环流形势来看，3月26日20时，山东半岛处于500 hPa槽后西北气流控制，地面受高压控制，烟台观测站观测到霾，空气质量为轻度污染，上游的潍坊市处于烟台市区的西南方向，已经连续12 h达到重度污染，而1 500 m高度为大气污染物的主要运输高度[7]。从风廓线雷达产品明显看出，从26日21时30分开始1 500 m高度上偏西风明显增大（图2），这有利于上游的污染物传输到烟台；3月27日08时，山东半岛处于500 hPa暖脊控制，地面受弱高压控制，从高空到地面都处于下沉气流控制中，有利于污染物的集聚。从27日11时的山东省AQI等级变化图可以看出，烟台上游的AQI值在3级以下，而烟台市区污染严重；3月27日20时南支高空槽东移，槽前的低压东移，地面高压扩展，西低东高，气压梯度增大，烟台处于高压后部，西南风增大，湿度减小，能见度转好。

气象要素观测表明，霾严重的时候地面处于小风（2级风），良好的湿度状态（60%～70%），相对湿度与$PM_{2.5}$的AQI值大体呈正相关（图1），相对湿度大，空气中水汽含量丰富，有利于空气中细小微粒的凝聚长大[5]，有利于霾的产生[8, 9]。

垂直探空表明，26日20时到27日20时，底层一直存在逆温。逆温层的存在使得污染物的垂直扩散减弱，空气的输送和交换减少。

4 中低空扰动对$PM_{2.5}$浓度的影响

烟台市气象局的风廓线雷达自安装以来，运行稳定。风廓线雷达能提供高时空分辨率的风廓线信息，提高了对边界层的垂直探测能力。对应$PM_{2.5}$指数27日0时和12时明显下降时段，地面风速没有什么明显变化，从常规天气图上很难找出影响系统，但从风廓线资料可清楚看出中低层的扰动（风廓线上有较明显切变时被认为是一次扰动过程）及其影响层次和时间[10]，图2为扰动对应的风廓线时间序列图，时间间隔为半小时。26日18时30分在1 500 m左右有扰动，20时下传到1 000 m左右，23时下传到400 m左右，27日0时下传至100 m左右；另一次扰动从27日10时开始，1 300～1 800 m高度开始出现西南风扰动，扰动向低层传播，到27日11时30分传至800 m左右，12时下传到300 m左右。由此可以看出，污染物对中低空的扰动敏感，两次扰动虽然都没有到达地面，但改善了垂直扩散条件，浓度下降明显。

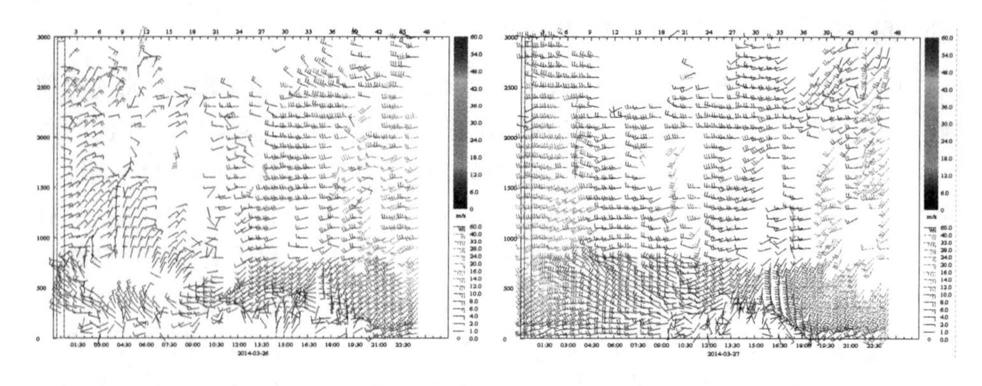

图2　26日（左）和27日（右）风廓线探测的垂直方向的水平风向、风速时间序列

5　海陆风对污染物浓度的影响及数值预报检验

海陆风是由于水面与地面受热（降冷）性质不同而发生在海陆交界处的中尺度大气环流。[11] 从地面风场可以看出，27日11时之前为陆风，11—17时受海风影响，为弱的东北风，这种海风/陆风混合输送条件会导致$PM_{2.5}$和PM_{10}浓度较高。[12] 由14时的地面极大风速分布图可明显看出，海风在半岛北部形成东西向的切变线，使底层气流向内辐合，所以白天海风不利于空气污染物的扩散。到傍晚海风减弱，污染物浓度明显减小。EC细网格和T639以26日20时为起报场预报27日14时的地面风场都能准确报出半岛北部沿海的海风。

6　结论

（1）干燥的气候背景为霾天气的产生提供了有利的气候条件；霾的分布与人口密度和城市经济发展水平有密切关系。

（2）26日白天，烟台上游的台站开始出现重度污染，夜间高空到地面西南风的加大有利于上游污染物向烟台的传输；27日白天，烟台上游空气质量逐渐转好，但由于前期上游污染物传输和本地污染物的排放，半岛北部沿海由于受海风的影响，在地面产生辐合，不利于污染物的扩散。上游污染物的传输和本地污染物的排放所占比重有待于进一步研究。

（3）霾严重的时候地面处于小风（2级风），一定的湿度状态、地面均压场和近地面逆温一直存在是污染物不能有效扩散的主要原因。

（4）$PM_{2.5}$对中低空扰动很敏感，扰动越靠近地面，污染物下降越明显。

（5）EC细网格和T639的10 m风场预报能够准确预报出海陆风，为今后霾的生消预报提供重要参考。

参考文献

［1］中国气象局．地面气象观测规范［M］．北京：气象出版社，2003．

［2］郑庆锋，史军．上海霾天气发生的影响因素分析［J］．干旱气象，2012，30（3）：367-373．

［3］潘本锋，赵熠琳，李健军．气象因素对大气中$PM_{2.5}$的去除效应分析［J］．环境科技，2012，25（6）：41-44．

［4］王博，辜智慧．深圳市霾日分布特征与城市经济指标关系［J］．气象研究与应用，2011，32（1）：40-44．

［5］刘汉卫，臧增亮，首俊明．一次$PM_{2.5}$化学污染过程的实况及气象要素影响分析［J］．广东气象，2013，35（4）：51-57．

［6］毛宇清，孙燕，姜爱军．南京地区霾预报方法实验研究［J］．气候与环境研究，2011，16（3）：273-279．

［7］蒲维维，赵秀娟，张小玲．北京地区夏末秋初气象要素对$PM_{2.5}$污染的影响［J］．应用气象学报，2011，22（6）：716-723．

［8］童尧青，银燕，钱凌，等．南京地区霾天气特征分析［J］．中国环境科学，2007，27（5）：584-588．

［9］范新强，孙照渤．1953—2008年厦门地区的灰霾天气特征［J］．大气科学学报，2009，32（5）：604-609．

［10］吴庆梅，张胜军．一次雾霾天气过程的污染影响因子分析［J］．气象与环境科学，2010，33（1）：12-16．

［11］薛德强，郑全岭，钱喜镇．山东半岛的海陆风环流及其影响［J］．南京气象学院学报，1995，18（2）：293-299．

［12］王丹，屈文军，张小曳．青岛海滨大气$PM_{2.5}$与PM_{10}观测［J］．西安建筑科技大学学报：自然科学版，2010，42（1）：87-92．

台风“温比亚”影响烟台过程总结

姜 超

（烟台市气象局，烟台 264003）

【摘要】本文使用地面、高空观测资料和数值模式预报产品，对2018年8月19—20日影响烟台地区的台风“温比亚”进行了分析；研究了台风影响期间产生的暴雨、大风等灾害性天气以及台风移动路径、台风强度等与高空形势的发展演变之间的联系；分析了台风发展过程中能量条件、稳定度条件、水汽条件等物理量场分布；对欧洲中心预报产品和华东区域模式预报产品在对本次台风天气过程中山东地区的降水量和大风预报进行了性能检验。

【关键词】台风“温比亚”；烟台；暴雨；模式

1 天气实况

受2018年第18号台风“温比亚”外围环流及后期形成的温带气旋影响，18日20时至19日20时，烟台市出现小到中雨，局部大雨到暴雨，全市平均降雨17.4 mm，大监站海阳出现暴雨。最大降水出现在海阳盘石店为83.5 mm，雷电活动较弱。19日20时至20日11时，出现全市性大到暴雨，局部大暴雨，全市平均降水量58.7 mm，大监站招远、栖霞、福山、莱阳、海阳出现暴雨，其中招远、莱阳出现大暴雨，最大降水出现在栖霞唐家泊，为139.5 mm，出现海面最大风力8～9级，阵风10～11级，陆地最大风力6～7级、阵风8～9级的大风。

从过程降水量来看，从18日20时到20日11时，全市平均降水量为76.6 mm，最大降水出现在莱阳沐浴店，达175.7 mm，有30个站降水量超过100 mm，有118个站降水量超过50 mm。最大小时降水量为63.1 mm，出现在20日05时的莱阳站。

从风的情况来看，20日04—10时，东南风，海面最大风力8～9级、阵风10级，陆地最大风力5～6级、阵风7～8级。11—14时，出现海面最大风力8～9级、阵风10～11级，陆地最大风力6～7级、阵风8～9级的偏北大风。

本次降水过程中雷电活动较弱。

2 服务情况

8月19日10时30分山东省气象局启动了重大气象灾害（暴雨）预警防御Ⅱ级应急响应，烟台市气象局于8月19日15时50分启动了重大气象灾害预警防御Ⅲ级应急响应（图1），烟台各地立即进入应急响应状态。20日08时30分气象终止了重大气象灾害（暴雨）预警防御Ⅱ级应急响应，20日11时00分烟台市气象局终止了重大气象灾害预警防御应急预案Ⅲ级应急响应。

18日10时，烟台市气象局以《重要天气报告》的形式发布“台风预报”，19日15时30分，烟台市气象局以《重要天气报告》的形式发布“暴雨黄色和大风黄色预警信号”，提出“由于本次降雨过程降水量较大，并可能伴有短时强降水，请注意做好城市内涝、农田积涝、中小河流洪水和山洪地质灾害防范工作”（图1）。20日10时30分，根据山东省气象台指导和本地天气实况，烟台市气象台解除了暴雨黄色预警信号。

烟 台 市 气 象 局

烟台市气象局重大气象灾害预警防御
Ⅲ级应急响应启动令
（编号：2018年3号）

受今年第18号台风“温比亚”（热带低压级）外围环流影响，我市莱阳、海阳等地已出现暴雨。预计今天下午到明天，我市有大到暴雨，局部大暴雨；东南风转北风，海面6-7级逐渐增强到8-9级阵风10级，陆地5-6级逐渐增强到6-7级阵风8-9级。烟台市气象台于8月19日15时30分发布了暴雨黄色和大风黄色预警信号。

根据《烟台市气象局重大气象灾害预警防御应急预案》，现决定启动烟台市气象局重大气象灾害预警防御Ⅲ级应急响应。各县市区气象局和市局各直属单位、各内设机构立即进入Ⅲ级应急响应状态。各单位要严格按照《烟台市气象局重大气象灾害预警防御应急预案》的有关规定全力做好应急响应和气象预报服务工作。

特此命令。

签发人：高瑞华

2018年8月19日15时50分

重要天气报告
（第92期）
烟台市气象局　2018年8月19日

暴雨黄色和大风黄色预警信号

烟台市气象台和烟台市海洋气象台8月19日15时30分发布暴雨黄色和大风黄色预警信号：受今年第18号台风“温比亚”（热带低压级）外围环流影响，我市莱阳、海阳等地已出现暴雨。预计今天下午到明天，我市有大到暴雨，局部大暴雨；东南风转北风，海面6-7级逐渐增强到8-9级阵风10级，陆地5-6级逐渐增强到6-7级阵风8-9级，请注意防范。具体预报如下：

今天下午到明天白天，阴有大到暴雨，局部大暴雨，伴有雷电；东南风转北风，海面6-7级转8-9级阵风10级，陆地5-6级转6-7级，阵风8-9级；22～27℃。

明天夜间到后天，阴，局部有小雨转多云；北风，海面7-8级阵风9-10级转6-7级，陆地6-7级转4-5级；24～28℃。

21日夜间到22日白天，多云间晴；北风，海面5-6级转6-7级，陆地3-4级转4-5级；22～28℃。

由于本次降雨过程降水量较大，并可能伴有短时强降水，请注意做好城市内涝、农田积涝、中小河流洪水和山洪地质灾害防范工作。

图1　烟台市气象局发布Ⅲ级应急响应启动令与暴雨黄色、大风黄色预警信号

3 天气形势分析

本次天气过程为台风登陆减弱后的低压环流产生的降水过程，影响系统明显，所以台风路径的预报是该类天气过程预报的重点。

17日白天，“温比亚”台风于上海登陆，此时副高中心位于渤海地区上空，对台风北上有阻挡作用，“温比亚”沿副高下部边缘向西移动，并在18日08时到达河南与安徽交界处。副高北部西风槽东移与台风共同作用，将副高主体向东压，副高减弱东退。但西风槽较浅，未与台风主体打通合并。台风在东侧副高的阻挡下于河南与安徽交界处维持，18日台风中心基本无明显移动。此时受台风倒槽影响，山东大部地区已有明显降水，鲁西南地区降水量较大，半岛地区距离较远，降水尚不明显。

台风位置在维持一天少动后，能量有一定的削减，势力有所减弱，但在19日又有一较深西风槽东移，与台风主体相接，冷空气注入后台风加强，并与西风槽合并东移北上，沿副高外围向东北方向移动，移动过程中外围的涡旋云系在半岛南部产生了局部的暴雨点。在进入渤海后，补充水汽又有所加强，其前部强降水云系于19日夜间经过半岛地区，产生全市范围的暴雨和大暴雨天气，最终在20日白天东移减弱，结束对半岛地区影响。

“温比亚”台风在登陆后受副高阻挡，沿副高外围移动，同时根据200 hPa探空资料显示，台风移动方向与200 hPa急流方向一致，这也是指导我们预报台风路径的依据之一。

18日台风中心维持较长时间不动，其能量有较明显衰减，强降水落区保持在顶部象限，到19日08时从云图和地面风场来看结构已不明显。但因19日与西风槽合并和冷空气注入，850 hPa高空图上显示出冷平流，低压环流又有所增强，西部边界因冷空气侵入变得清晰，东部出现从东南象限向东北象限发展的强降水云系。

低压系统与西风槽合并后向东北方向移动，在中心入海后，有水汽补充，东部持续发展的强降水云团经过半岛地区，产生烟台市此次过程最强的降水时段。

此次过程中海面风力较大，风力8～9级、阵风10～11级，陆地大风基本出现在环流外围经过海面，风向为从海面吹向陆地的沿海地区，风力6～7级、阵风8～9级。

4 天气成因分析

4.1 能量和稳定度条件

从2018年8月19日08时山东地区CAPE和K指数看，半岛地区CAPE值为300 $\mathrm{J\cdot kg^{-1}}$左右，K指数为32左右，说明有一定的不稳定能量，但发生冰雹和强雷电的条件不足，以短时强降水为主。

4.2 水汽条件

分析2018年8月19日08时山东地区850 hPa比湿和水汽通量散度场可知，本次天气过程中半岛地区比湿为13 g · kg^{-1}左右，水汽较充足。同时，从水汽通量散度来看，低压环流东部有较强的水汽汇聚，有利于强降水的产生。

5 数值预报检验

欧洲中心预报产品在此次过程中始终将台风中心位置预报得偏西，从预报场与实况比较来看，欧洲中心前期预报的强降水落区在河北与山东交界处，临近时次向东有所调整，但仍较实况偏西，且始终未在半岛地区考虑暴雨落区。该产品对台风东部降水考虑不足，今后参考时可以适当增加对东部降水的预报量级。

华东区域模式预报产品在此次过程中表现较好，从17日20时起报的结果就将强降水落区报在山东境内，且半岛地区始终有大暴雨落区预报，临近时次调整落区在山东北部和半岛地区，与实况能较好对应。

6 结论

对于台风减弱后低压产生的降水，因降水量级受台风路径的影响很大，同时对台风路径的预报仍与实际有较大偏差，各预报产品预报结果差异较大，从而也造成了我们对该类型降水预报的难度较大。我们在预报台风路径时，要考虑副高的进退以及高空急流的方向。

在对台风降水的预报中，各预报产品通常会在最新时次的预报中有较大的调整，临近时次的产品结果准确率较高，我们的预报也要及时参考最新的结果，以达到最好的服务效果。总体来说，2018年8月的几次台风降水过程，华东区域模式预报产品对降水量级和落区都有较好的预报，能给预报员提供较好的参考效果。

烟台地区一次变性台风导致的灾害性天气分析

王楠喻　纪旭鹏　党英娜
（烟台市气象局，烟台　264003）

【摘要】本文利用高空、地面实况探测、观测资料及雷达产品、FY-2E卫星云图等资料，对2018年8月14日20时至16日06时烟台受台风“摩羯”变性温带气旋影响下天气过程的环流条件、雷达基本反射率因子和红外卫星云图演变特征进行分析。结果表明，8月14日20时至16日06时，烟台市出现雷雨天气，雨量分布不均，中部、南部出现局部暴雨，雷雨天气伴随大风和短时强降水。本次灾害性天气是由台风“摩羯”减弱后低压环流和冷空气相互作用后变性的温带气旋导致的。FY-2E红外云图显示，14日白天温带气旋增强，14日傍晚到夜间主要影响了烟台的西部、南部地区。15日凌晨气旋减弱后，在15日早晨再次增强，最大降水出现在15日白天。雷达基本反射率因子图显示，15日白天，大于50 dBZ的窄带强回波自西向东影响烟台，东移过程中回波强度增强，强回波带来高效率降水，造成了烟台中部、南部的局部暴雨。雷达和卫星产品对本次灾害性天气的监测和短临预警指示意义较好，对预警区域灾害性天气有较好的参考价值。

【关键词】烟台；台风“摩羯”；温带气旋；短临预警

全球变暖大背景下，极端天气频发。尤其近几年，北上影响山东的台风及其减弱后的低压环流造成了严重的气象灾害，如台风“摩羯”（1814）、“温比亚”（1818）和“利奇马”（1909）[1-3]。烟台位于山东半岛中部，是国务院批复确定的山东半岛中心城市之一，是环渤海地区重要港口城市及国家历史文化名城[4]，交通运输业、旅游业等是当地的重要经济产业。北上台风经过烟台时常常带来比较严重的气象灾害，如暴雨洪涝和大风。虽然在降水较少的年份，台风造成的暴雨可以给烟台带来充沛的降水，但台风造成的降水通常雨强较大且降水时间集中，容易发生旱涝急转，也容易引发洪涝、山体滑坡等次生灾害，对经济、农业等方面造成严重的损失，严重时还会威胁到人民的生命安全。所以，对台风天气系统的预报是防灾减灾工作的重要前提，也是当下气象服务工作中的预报难点，是气象工作者重点研究的天气之一。

台风“摩羯”是2018年第14号台风，移动路径特殊，预报难度较大，对所经之地皆造成严重的气象灾害。近两年很多气象工作者对其进行了大量的研究工作[1-3, 6-13]，从多个方面对其进行了研究和过程总结。8月12日23时35分前后台风“摩羯”以强热带风暴级别（980 hPa，28 m·s^{-1}）在浙江温岭沿海登陆，之后减弱向西北移动，13日23时在安徽北部减弱为热带低压后转为向偏北方向移动，14日0时中央气象台对其停止编号，但其减弱后的低压环流维持，05时从山东单县（36° N，116.1° E）进入山东境内，进入山东后向北偏东方向移动，06时在山东东营河口区进入渤海，变性为温带气旋，然后在莱州湾回旋打转，15日20时在潍坊北部沿海再次登陆山东，向西南方向移动，16日08时低压环流在山东济宁附近减弱消失[2, 3]。

登陆北上台风影响山东大多是北上后减弱或变性汇入西风带东移，或者继续北上影响我国东北地区。[5]但“摩羯”进入山东后在莱州湾附近回旋打转时间较长，后又向西南方向移动，移动路径特殊，为历史上首次。[3]赵培娟等[6]对“摩羯”登陆后的大环流背景场进行分析后指出，“摩羯”登陆时中纬度地区从我国新疆到东部沿海一带均受东西带状高压控制，受副高外围西北气流引导，在河南东部转向北移动后，与中纬度西风槽快速结合。高留喜等[3]对台风“摩羯”的路径预报研究的结果表明，大陆高压增强是环流形势调整的显著信号，是预报“摩羯”路径的一个关键因素；台风前进方向的对流层温度脊线和500 hPa正涡度轴线对台风的未来路径有良好的指示作用。张子涵等[7]在分析台风“摩羯”在山东境内路径转向的原因时指出，高频引导气流对转向角度较大的台风起引导作用。台风“摩羯”因为冷空气的加入，造成了大范围的灾害性天气，多地观测到局地龙卷[8-10]。

“摩羯”影响烟台的时段是8月14日20时至16日06时，受西风槽影响[6]，此时“摩羯”已经变性为温带气旋[3]，烟台位于“摩羯”减弱后低压环流中心路径西折点东侧，位置较为特殊，短临预报预警难度较大。本文利用高空、地面实况探测、观测资料及雷达产品和FY-2E卫星云图等资料对“摩羯”减弱低压环流变性后的温带气旋影响烟台时的短时临近预报预警工作进行总结，希望可以为今后的短时临近预报预警工作提供一点思路。

1 台风“摩羯”变性后温带气旋影响烟台概况

2018年8月14日20时至16日06时，受台风“摩羯”减弱低压环流变性后的温带气旋影响，烟台市出现雷雨天气，雨量分布不均，中部、南部出现局部暴雨。全市平均降水量为31.7 mm（包含区域站），强降水时段主要集中在15日09—13时（大于20 m·s^{-1}），最大降水出现在牟平姜格庄镇站，为80.7 mm，最大小时雨强出现在15日12时的海阳辛安镇站（61.1 mm·h^{-1}），有14个国家级地面观测站和区域站出现暴雨，其中国家级地面观测站栖霞、海阳出现暴雨。本次过程风力较大（表1），出现海面6～7级、阵风8～9级，陆地5～6级、阵风7～8级的偏东风。14日夜间随着系统东移，雷电活动逐渐增强。

表1 2018年8月14日20时至16日06时烟台市地面观测站极大风速及出现时间

市	站名	风速/m·s^{-1}	出现时间
烟台市	长岛	19.7	2018年08月15日 17时47分
	长岛砣矶	22.8	2018年08月15日 20时06分
	长岛北隍城	22.2	2018年08月15日 09时36分
	长岛大竹山岛	21.6	2018年08月15日 17时24分
	长岛大钦岛	21.3	2018年08月15日 20时03分
	长岛北长山	20.3	2018年08月15日 07时16分
	长岛大黑山	17.4	2018年08月16日 00时26分
	牟平	17.5	2018年08月15日 11时55分
	牟平高陵	21.1	2018年08月15日 11时30分
	昆嵛山林场	17.8	2018年08月15日 10时43分
	栖霞	19.5	2018年08月15日 08时07分
	栖霞观里	20.5	2018年08月15日 09时11分
	福山门楼	17.2	2018年08月15日 08时04分
	海阳盘石店	17.3	2018年08月15日 11时25分
	莱州土山	22.5	2018年08月15日 14时21分
	莱州三山岛	19.5	2018年08月15日 07时32分
	莱州海庙港	18.1	2018年08月15日 14时22分
	龙口屺姆岛	26.2	2018年08月15日 08时01分
	龙口下丁家	21.9	2018年08月15日 04时11分
	芝罘崆峒岛	17.5	2018年08月15日 12时11分

2 天气形势分析

台风“摩羯”减弱后低压环流在8月14日凌晨进入山东后，在14日白天，副高588 dagpm线东退，“摩羯”低压环流东移，因冷空气的加入，原本减弱的低压环流强度再次增强，变性为温带气旋向东北方向移动[3]，入渤海后气旋强度增强，850 hPa有低空急流向系统输送水汽。冷空气抬升暖湿空气，产生对流性降水，伴有较强雷电。15日08时500 hPa，原位于鲁西上空高空槽东北移至山东半岛上空，系统强度增强，在渤海上空出现闭合低压。

3 中尺度特征分析

上一小节分析了“摩羯”影响烟台时的大尺度环流形势，但其数据受观测时间、空间分辨率等因素的限制，对区域天气和区域预警指示意义较差。当有影响范围较大的灾害性天气发生时，通常选取卫星云图、雷达产品（图略）进行分析，来加强短临预警预报的服务水平[14-16]。

3.1 卫星云图特征

14日白天，低压环流变性为温带气旋后，红外云图上可以看到低压环流云系逐渐表现出逗点云系特征。14日下午到夜间，在系统东移过程中，逗点云系尾部不稳定能量发展，卫星云图上可以看到随着冷空气侵入逗点云系，尾部对流云团发展。15日凌晨，逗点云系强度减弱，14日夜间主要对烟台的西部、南部影响较大。15日早晨，本已减弱的逗点云系尾部再次发展，烟台自西向东再次出现雷雨天气，15日白天的烟台市降水强度大于14日夜间，影响范围更广。但从云图特征上看，15日白天的云图并未反映出更强的降水特征。14日夜间逗点云系尾部的云顶亮温更低、范围更大，但实况中出现强降水是在15日白天。

3.2 雷达图像分析

2018年8月14日白天，通过济南、滨州多普勒雷达站基本反射率图像产品，可以清晰直观地看到14日白天“摩羯”变性后温带气旋的发展。济南雷达站产品显示雷达回波的气旋性结构发展，降水回波以层状云—积云混合回波为主。东移过程中强度不断增强，14日17时02分，在滨州雷达探测范围内逗点云系呈涡旋回波特征，18时43分强度进一步增强，表现为更加完整的涡旋回波。此时强回波已经影响烟台西部海面。14日夜间系统移近山东半岛时，涡旋回波在烟台雷达站探测范围内显示为南北向的带状回波，登陆烟台后回波北部减弱较快，强回波主要影响烟台的西部、南部。15日凌晨，涡旋结构减弱。可见，实时监测上游地区的天气状况，可以对我市的短时临近预报起到很好的指示作用。

15日白天，停滞在渤海湾附近的“摩羯”低压环流再次发展，在烟台西部有窄带强回波（>50 dBZ）自西向东移动，强回波带来高效率的降水，最强降水出现在该强回波影响时段，自西向东产生大范围的强降水天气，伴有较强的雷雨阵风。相比卫星云图而言，雷达特征图对降水强度具有更好的指示作用。

4 预报服务情况

本次天气过程中，相关部门在加强短临预报的基础上，及时有效地发布了预警信号，并且加强部门联动，有效地减轻和防范了灾害性天气可能造成的气象灾害。8月14日22时30分烟台市气象台制作重要天气报告，预报“14日夜间到15日白天，我市西部地区有雷阵雨，并伴有短时强降水和8级雷雨阵风，局部可能伴有龙卷。请注意防范”。同时发布雷电橙色预警信号。8月15日09时30分发布暴雨黄色预警信号，继续发布雷电橙色预警信号，预报“15日白天到夜间，我市西部、北部的部分地区有暴雨，并伴有雷电和短时强降水，其他地区有雷阵雨；海面7级、阵风8～9级，陆地5～6级、阵风7～8级，局部可能伴有龙卷”。8月15日16时制作天气预报，描述了降水实况和未来天气预报。继续发布暴雨黄色和雷电橙色预警信号。8月16日5时30分解除雷电橙色和暴雨黄色预警信号。8月15日16时、8月16日06时，制作了降水情况报告。

以上重要天气报告、预警信号内容及雨情，均及时通过传真和决策短信形式向政府、防汛抗旱指挥部、海事局及相关部门传达，同时通过QQ、微博和电子邮件等新媒体向社会公众公布。此次过程灾害性天气以短时强降水和大风为主，预警信息发布及时，防御充分，预警效果明显。接到烟台市气象台降水预报以后，烟台市防汛抗旱指挥部及时响应，交通、城管等部门紧急部署，加强城市交通调度和城市排水工作，达到良好服务效果。

5 结论

本文利用高空、地面实况探测、观测资料及雷达产品和FY-2E卫星云 图等资料，对2018年8月14日20时至16日06时烟台受台风“摩羯”变性温带气旋影响下天气过程的环流条件、雷达基本反射率因子和红外卫星云图演变特征进行分析。结果表明，本次灾害性天气是由台风“摩羯”减弱后低压环流和冷空气相互作用后变性的温带气旋导致的。在FY-2E红外云图上可以观察到14日傍晚到夜间、15日白天，台风“摩羯”变性后温带气旋两次增强，影响了烟台地区。相比卫星云图而言，雷达特征图对降水强度具有更好的指示作用。15日白天大于50 dBZ的窄带强回波自西向东影响烟台，东移过程中回波强度增强，强回波带来高效率降水，造成了烟台中部、南部的局部暴雨。

本次过程仅从环流条件、中尺度特征等对“摩羯”变性后的台风进行了初步分析总结，下一步将继续从影响烟台时的热力条件、水汽条件等方面入手进行诊断分析，以便得到对短时临近预报服务更有意义的结论。

参考文献

[1] 柳龙生，吕心艳，高拴柱．2018年西北太平洋和南海台风活动概述［J］．海洋气象学报，2019，39（2）：1-12．

[2] 柳龙生，黄彬，吕爱民，等．2019年夏季海洋天气评述［J］．海洋气象学报，2019，39（4）：97-107．

[3] 高留喜，杨晓霞，刘畅，等．台风“摩羯”（1814）的路径特点与预报分析［J］．海洋气象学报，2019，39（4）：108-115．

[4] 国务院办公厅．国务院办公厅关于批准烟台市城市总体规划的通知［EB/OL］，（2015-09-16）［2020-05-01］．http：//www.gov.cn/zhengce/content/2015-09/16/content 10171.html．

[5] 阎丽凤，杨成芳．山东省灾害性天气预报技术手册［M］．北京：气象出版社，2014．

[6] 赵培娟，邵宇翔，张霞．相似路径台风“摩羯”“温比亚”登陆后环境场对比分析［J］．气象与环境科学，2019，42（3）：17-28．

[7] 张子涵，郑丽娜．登陆北上台风突然转向的预报着眼点［J］．海洋预报，2020，37（3）：46-53．

[8] 朱义青，王庆华．台风“摩羯”螺旋雨带中衍生龙卷的非超级单体特征［J］．干旱气象，2020，38（2）：263-270．

[9] 朱君鉴，蔡康龙，龚佃利，等．登陆台风“摩羯”（1814）在山东引发龙卷的灾情调查与天气雷达识别［J］．海洋气象学报，2019，39（4）：21-34．

[10] 刁秀广，孟宪贵，张立，等．台风“摩羯”与“温比亚”环流中龙卷小尺度涡旋特征及可预警性分析［J］．海洋气象学报，2019，39（3）：19-28．

[11] 阎琦，赵梓淇，李爽，等．2018年辽宁两次致灾台风暴雨动力机制对比分析［J］．灾害学，2019，34（3）：76-84．

[12] 王新敏，栗晗．多数值模式对台风暴雨过程预报的空间检验评估［J］．气象，2020，46（6）：753-764．

[13] 张琪，叶风娟，李希彬，等．台风“摩羯”对天津沿海风暴增水的影响［J］．中国科技信息，2019（9）：67-68．

［14］郑永光，张小玲，周庆亮，等．强对流天气短时临近预报业务技术进展与挑战［J］．气象，2010，36（7）：33-42．

［15］郑媛媛，姚晨，郝莹，等．不同类型大尺度环流背景下强对流天气的短时临近预报预警研究［J］．气象，2011，37（7）：795-801．

［16］郝莹，姚叶青，郑媛媛，等．短时强降水的多尺度分析及临近预警［J］．气象，2012，38（8）：903-912．

台风“利奇马”造成山东极端强降水原因分析

林曲凤
（烟台市气象局，烟台　264003）

【摘要】2019年8月10日和11日，受第9号台风“利奇马”影响，山东连续出现大暴雨、特大暴雨极端强降水天气。本文利用常规气象观测、ECWMF细网格模式再分析产品进行了研究，发现，① 西太副高和西伯利亚高压的稳定增强，是挟持台风北上影响山东的主要原因。② 连续两日的强降雨是由于台风外围和中纬度槽互相作用、台风倒槽以及台风倒槽与中纬度槽共同作用造成的。中纬度槽带来的干冷空气侵入台风倒槽内部，造成台风变性过程中的斜压性锋生、上升运动增强、200 hPa急流右后侧的强辐散区，可使地面到高空形成一致的上升运动区，是造成暴雨激增的主要原因。③ 低空急流将黄、渤海的水汽源源不断地向山东输送，是产生极端强降雨的水汽条件。④ 高、低空急流的耦合，为极端强降水的发生、发展提供了动力、热力和水汽条件，高的大气可降水量带来高效率的降水。⑤ 特殊地形对降雨有增幅作用。

【关键词】台风“利奇马”；极端强降雨；高、低空急流耦合；斜压性锋生；中纬度槽

多年来，登陆台风异常强降水过程一直是专家学者研究的对象。大量研究表明，台风暴雨与中小尺度系统、中低纬度系统、下垫面、地形及高、低空急流等均有密切联系。西风槽、低空急流和副热带高压之间的良好配置可使台风降水明显加大。台风远距离降水多与台风倒槽及西风槽弱冷空气或冷锋的结合有关，中高层干侵入有利于降水增幅。[1, 2]高、低空急流对强降水的作用，很多学者通过数值模拟、计算扰动能量、惯性稳定度、中尺度数值模拟、统计分析等多种方法进行了研究。[3-5]一般认为，高空急流的加强和动量下传，促使低空急流的建立和维持；低空急流的加强则提供了有利于暴

雨产生的水汽条件；高、低空急流的适宜配置，产生了动力场的耦合作用，为大暴雨的发生、发展提供了动力条件。远距离台风中尺度暴雨与非纬向高空急流密切相关，暴雨发生时，200 hPa一般为西南急流，暴雨区位于急流右后方；暴雨出现增幅时，高空急流有增强转竖趋势[6]。另外，喇叭口地形能使辐合作用增强，使台风暴雨出现明显增幅[7]，地形狭管效应还可造成台风路径偏折[8]。有多人对台风暴雨湿位涡进行了诊断分析[9, 10]，探寻热力、动力和水汽条件与降水的关系；还有人对台风螺旋雨带的发展和维持机制进行了研究[11, 12]。目前，关于气候条件对台风极端降水的影响的研究也逐渐增多。[13]台风变性过程中伴随的锋生对气旋中心气压存在着正反馈效应。[14]

2019年8月8—14日，第9号台风“利奇马”沿我国东部沿海北上，一路给浙江、山东（34.41° N～38.21° N，114.27° E～122.68° E）、江苏等地带来了极端强降雨天气和大风天气，“利奇马”风雨综合强度为1961年以来最大。山东省平均过程降水量为158 mm，为山东有记录以来的过程降水量最大值。强降水位于鲁南、鲁中和鲁西北东部等地，主要出现在10—11日。其中，10日（9日20时至10日20时，下同），鲁中、鲁南、鲁西北的高唐、兰陵等6站出现大暴雨，有34站出现暴雨。高唐的日降水量（176.4 mm）突破本站历史极值。11日，鲁中的临朐、昌乐等16站出现特大暴雨，有33站出现大暴雨，另有38站出现暴雨，最大日降水位于临朐，为386.7 mm。临朐、昌乐等26站达到极端降水事件标准。临朐、昌乐等20站日降水量突破本站历史极值。连续极端强降水造成山东多地出现暴雨洪涝灾害。

本文利用常规气象观测、ECWMF细网格模式产品（0.25° ×0.25° ）实时分析资料（简称“EC-thin”）（图略），多方面探寻造成山东极端强降水的原因。

1 台风“利奇马”发展趋势及移动路径

2019年第9号台风“利奇马”于8月4日生成，7日晚上加强为超强台风，10日01时45分前后在浙江省温岭市沿海登陆，登陆时中心附近最大风力16级（52 m·s^{-1}，超强台风级），中心最低气压930 hPa，是2019年以来登陆我国的最强台风，在1949年以来登陆我国大陆的台风中强度排名第五。“利奇马”穿过浙江和江苏后移入黄海西部海域，11日20时50分左右在山东省青岛市黄岛区沿海再次登陆，登陆时中心附近最大风力9级（23 m·s^{-1}，热带风暴级）。其穿过山东半岛后进入渤海，之后在莱州湾附近徘徊，于13日08时减弱为热带低压。中央气象台13日14时对其停止编号。

2 天气形势分析

从10日08时500 hPa形势看，欧亚大陆中高纬是两脊一槽的环流型。脊位于西西伯利亚和东西伯利亚地区，在中西伯利亚为冷涡槽区，冷涡底部有两支西风带小槽。其中，北槽位于40° N～50° N，东移北缩为主。另外，在30° N～40° N另有一支中纬度小槽位于北支槽前，携带弱冷空气东移为主。至10日20时，中纬度小槽移到115° N附近，与台风倒槽相衔接。之后由于小槽后部有冷空气不断补充，导致小槽东移南下。至11日20时，中纬度小槽并入台风环流内部，且冷空气进入台风内部。

在地面图上，10日凌晨台风“利奇马”在浙江省温岭市沿海登陆。在此之前，由于台风位于西太副高的西南边缘，其沿副高外围向西北方向移动。台风在首次登陆之后，逐渐转为副高主体的西部。同时，由于位于副高南侧的第10号台风的缓慢北移，导致副高逐渐向北加强，形成南北向的高压坝。这时上游的中西伯利亚高压脊东移加强，台风“利奇马”夹在大陆高压和西太副高之间，只能沿副高边缘北上，于11日20时50分前后在山东省青岛市黄岛区沿海二次登陆。

3 强降水落区与台风位置的关系

从强降雨的落区与台风位置的关系来看，8月10日凌晨，台风在浙江省温岭市沿海登陆，50 mm以上的强降雨带共有三处。其中位于东南沿海一带的强降水，是台风本体降水，基本为100 mm以上的大暴雨区。位于鲁西北西部地区的强雨带，为暴雨区内嵌零星大暴雨点，此处强降雨主要发生在10日早晨，为500 hPa中纬度西风槽与台风外围偏南气流共同作用造成的。位于安徽北部到鲁南和鲁中东部地区的强降雨带，在山东境内的强降雨以暴雨为主，内嵌个别大暴雨点，强降雨时段为10日下午，为台风倒槽上的螺旋雨带造成。11日，西风槽和台风倒槽共同作用，造成降雨的激增，鲁西北的东部、鲁中和鲁南地区出现大暴雨，鲁中局部出现250 mm以上的特大暴雨，山东其他地方出现中雨到暴雨，强降雨时间为10日夜间到11日上午。11日20时，500 hPa中纬度槽携带冷空气并入台风内部，变为冷性气旋，在此之前台风处于逐步变性中。并且由于11日夜间台风的二次登陆，下垫面摩擦作用增强，台风强度逐渐减弱直至变为热带低压。12日降水强度和降水范围明显减小，仅位于台风的西部、北部地区，在鲁西北的东部出现成片暴雨区，强降雨时间主要在11日夜间。由此可见，从台风登陆时起，强降雨落区主要在其背部和西部，出现明显的偏心结构。10日和11日山东的极端强降雨主要是由于台风外围与中纬度槽以及中纬度槽和台风倒槽共同作用造成的远距离降雨。

4 产生极端强降水的原因分析

4.1 高、低空急流的相互作用

200 hPa高空图上，10日08时至10日20时，在华北的北部到东北地区，有一非纬向西南急流迅猛发展并且东移，逐渐靠近鲁西北地区，急流轴上最大风速中心值从35 m·s^{-1}增长到46 m·s^{-1}。在高空急流的右后侧，有较强的辐散。10日08时辐散区位于鲁西北的西部地区，中心值为40 s^{-1}。10日20时，几乎整个山东都为强的辐散区，中心位于潍坊附近，为100 m·s^{-1}。11日08时，急流区逐渐向东北方向移动，急流轴上的强风继续维持，急流轴右后侧的辐散区向西移动到鲁中和鲁西北的北部地区，中心最大值为70 m·s^{-1}。至11日20时，急流区远离山东。山东的最强降雨时段主要出现在10日下午到11日上午，此时正是高空急流迅速增强和稳定的时间，高空急流右后侧的辐散在10日夜间达到峰值，11日白天逐渐减弱。

由于台风登陆前为超强台风级别，台风东北部在925 hPa到700 hPa都有很强的东南急流。10日凌晨台风第一次登陆，由于下垫面的摩擦作用导致中心强度迅速减弱，其东北侧的东南急流范围明显减小。10日20时低空东南急流到达鲁东南地区，随着台风继续北上，低空东南急流逐渐北上并向高空急流靠近，由于急流右后侧强辐散造成的抽吸作用，使东南急流强度在11日08时一度加强，急流轴上最大值达到28 m·s^{-1}，并维持了较长时间。10日夜间到11日白天，低空急流源源不断地将黄海和渤海的水汽向暴雨区输送，山东的大气可降水量持续增长，由10日白天的50～70 kg·s^{-2}增强到70～80 kg·s^{-2}。高的大气可降水量带来高效率的降水。由此可见，山东极端强降雨是高、低空急流耦合作用的结果。

4.2 产生极端强降水的原因

从EC-thin实时再分析资料看，10日08时，由台风外围气流带来的偏南暖湿气流，与西风带中纬度槽带来的弱冷空气，在低层850 hPa鲁西北的西部形成较强的水汽通量辐合区，中心最大值为13.0 g·cm^{-2}·hPa^{-1}·s^{-1}。且高空急流右后侧的强辐散正好叠加在此区域，在700 hPa形成强的上升运动，中心最大值达到−2.1 Pa·s^{-1}。强的水汽辐合和上升运动导致鲁西北的西部出现强降雨。

在10日20时，低空急流输送的水汽到达鲁南和鲁中地区。鲁东南和鲁西北有两个水汽强辐合中心，中心值分别达到−16.3 g·cm^{-2}·hPa^{-1}·s^{-1}和−14.0 g·cm^{-2}·hPa^{-1}·s^{-1}。强水汽辐合区对应着强上升运动中心，700 hPa垂直速度分别达到−3.5 Pa·s^{-1}和−1.7 Pa·s^{-1}。其中，鲁西北的较强辐合上升运动是由中纬度槽造成的，鲁东南的强水汽辐合与急流的输送、台风倒槽的强烈辐合上升运动、高空的强辐散有关，此处对应着一条强降雨带。

11日08时，850 hPa上强水汽辐合区和700 hPa上的强上升运动区均西推到鲁西北地区，在此处也对应着强降雨带。

10日夜间到11日上午，山东的暴雨出现激增。从925 hPa的假相当位温（θ_{se}）来看，10日20时至11日08时，鲁西北的东部有一θ_{se}低值区逐渐东移，中心值由338 K降为334 K。与此同时，江苏境内有一个360 K的假相当位温暖湿舌沿台风倒槽北上，输送高能量给山东。高、低中心之间梯度逐渐加大，在鲁南到鲁西北之间形成锋生。在锋生区做西北—东南向的垂直剖面（图1a，图1b），可以看到自10日20时至11日08时，暖湿舌从近地面层逐渐北上，并伸展到850 hPa附近。与冷空气相对应的冷干舌来自500 hPa及以下，中心值由335 K降为327 K，变得更加干冷。山

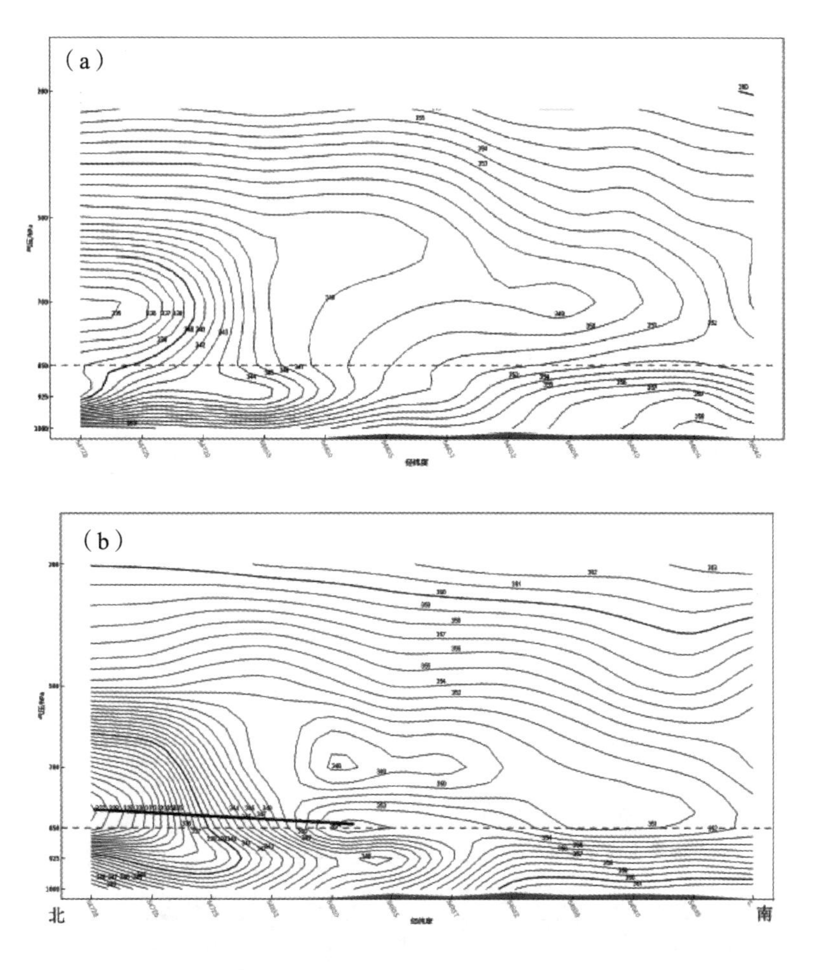

图1　2019年8月10日20时（a）和11日08时（b）锋生区垂直剖面图（单位：K）

注：图（b）黑色粗实线是锋生区。

东西冷、东暖，θ_{se}的梯度加大，锋生明显。且因为冷空气楔入暖舌之下，大气的斜压性增强。锋生作用带来的是更强的辐合上升运动，由此带来的降水量也为10日的2倍左右。

穿过11日山东强降水中心的位置，制作10日20时和11日08时近东西向的垂直速度剖面图可以看到，10日20时（图2a），在鲁西北东部和鲁中地区有两个上升速度的大值区，中心值分别为−4.0 Pa · s^{-1}和−3.0 Pa · s^{-1}，分别是由中纬度槽带来的冷空气以及台风倒槽造成的。至11日08时（图2b），冷空气进入台风倒槽，两个强上升运动中心合并为一个，中心值增强为6.0 Pa · s^{-1}，位于650 hPa附近，且受到200 hPa附近的强辐散作用，倾斜的上升运动区一直到达200 hPa，在强上升运动中心附近的鲁中地区造成特大暴雨。

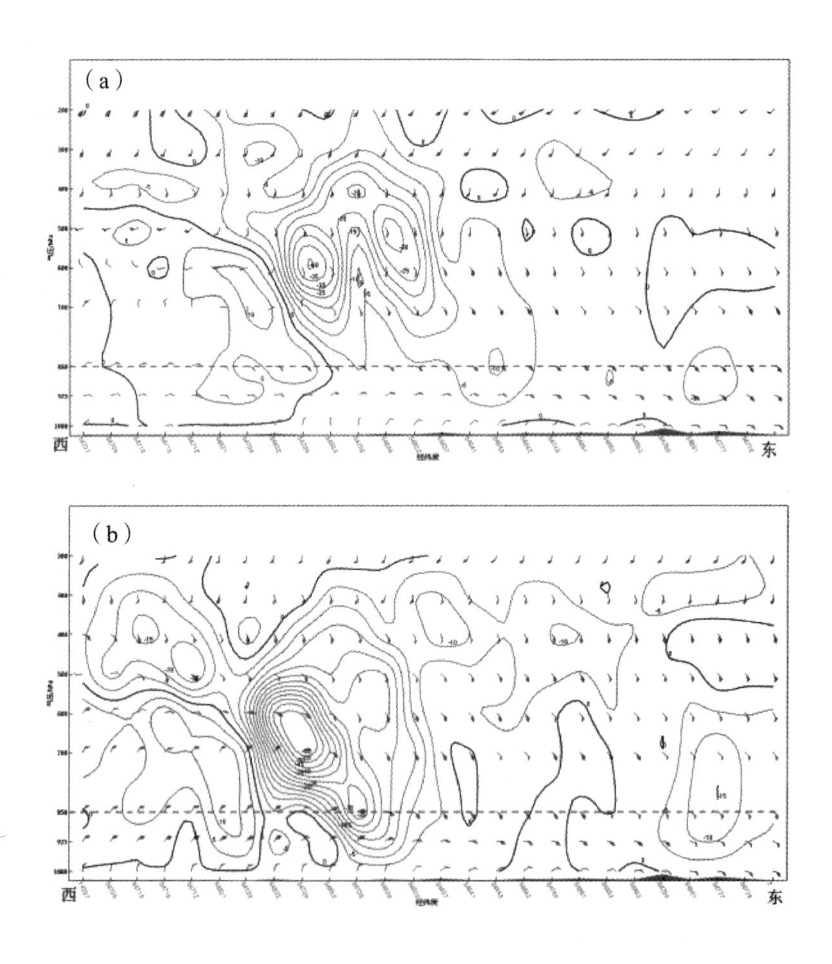

图2　10日20时（a）和11日08时（b）垂直速度剖面图（单位：0.1 Pa · s^{-1}）

4.3 地形的影响

山东临沂位于鲁东南，西、北、东三面被群山环抱，向南构成喇叭口状冲积平原。山地集中分布在沂水、沂南、蒙阴、平邑、费县、莒南等地，地势较高，一般为海拔400 m以上。10日下午，台风东北部的偏东南气流到达鲁东南地区，在临沂的喇叭口地形中形成气旋式辐合，喇叭口内出现了成片的暴雨区，内嵌零星大暴雨点，降水比周边明显偏大。

5 结论

通过以上分析可以得出以下几点结论。

（1）本次台风降水过程中，西太副高压和上游大陆高压的稳定加强，是挟持台风北上影响山东的主要原因。

（2）山东连续两天出现极强降水是由于台风和中纬度系统共同作用造成的。10日山东的强降雨带有两部分：一部分是由台风外围气流与中纬度槽共同作用造成的，高空急流右后侧造成上升运动的增强；另一部分是台风倒槽强降雨带，临沂地区的喇叭口地形对降水有增幅作用。11日山东暴雨的激增，是由于中纬度槽带来的干冷空气进入台风倒槽内部，引起锋生作用造成的。高空急流右后侧的强辐散对上升运动有增强作用。低空急流的加强及对水汽的输送，是特大暴雨形成的水汽来源。

（3）强降雨时段，山东位于200 hPa强高空急流的右后方，形成强的辐散上升气流，有利于低空急流和超低空急流的稳定和维持。低空和超低空超强急流，将黄、渤海的水汽向暴雨区源源不断地输送，形成高能高湿的大气条件，高的大气可降水量形成高效率的降水。高、低空急流的耦合，为大暴雨、特大暴雨的发生提供了动力、热力和水汽条件。

参考文献

[1] 朱明，夏金．“苏拉”台风倒槽引发鄂西北特大暴雨的诊断分析[J]．高原山地气象研究，2015，35（1）：74-79．

[2] 李媛，赵宇，李婷，等．一次台风远距离暴雨中的干侵入分析[J]．气象科学，2014，34（5）：536-542．

[3] 常煜，张平安，王洪丽，等．高、低空急流耦合对内蒙古东部持续性暴雨的触发作用[J]．中国农学通报，2014，30（23）：211-217．

[4] 于超，贺靓．两次夏季暴雨期间高、低空急流相互作用的诊断分析[J]．暴雨灾害，2016，35（5）：455-463．

[5] 全美兰，于扬，吴春英，等．高、低空急流在一次暴雨过程中的动力作用[J]．中国农学通报，2014，35（23）：220-226．

[6] 丁治英，张兴强，何金海，等. 非纬向高空急流与远距离台风中尺度暴雨的研究 [J]. 热带气象学报，2001，17（2）：144-154.

[7] 朱红芳，王东勇，娄珊珊，等. 地形对台风“海葵”降水增幅影响的研究 [J]. 暴雨灾害，2015，34（2）：160-167.

[8] 郭兴亮，钟玮，张入财. 地形对台风Megi（2010）过岛阶段路径偏折影响的数值研究 [J]. 大气科学学报，2019（4）：481-491.

[9] 曹楚，王忠东，刘锋，等. 2013年“菲特”台风暴雨成因及湿位涡诊断分析 [J]. 气象与环境科学，2016，39（4）：86-92.

[10] 廖玥，王咏青，张秀年. 台风“Chanchu”变性过程位涡及锋生特征分析 [J]. 气象科学，2019，39（1）：12-22.

[11] 王咏青，蔡敏敏，张秀年. 台风“珍珠”（2006）螺旋雨带发展机制的数值模拟研究 [J]. 大气科学学报，2018，41（6）：786-796.

[12] 丁治英，黄海波，赵向军，等. “莫拉克”台风螺旋雨带与水平涡度的关系 [J]. 大气科学学报，2018，41（4）：454-462.

[13] 夏侯杰，朱伟军，任福民，等. 南海夏季风对台风“启德”极端降水影响的数值模拟 [J]. 气象科学，2019，39（3）：295-303.

[14] 卓鹏，王举，黄泓，等. 台风“卢碧”变性增强过程的诊断研究 [J]. 气象科学，2018，40（3）：310-319.

2020年5月17—18日强对流天气过程成因分析

林曲凤
（烟台市气象局，烟台 264003）

【摘要】受高空冷涡影响，2020年5月17日傍晚到夜间山东半岛出现一次强对流天气过程，烟台、潍坊、青岛等地出现雷雨，局部地区出现短时强降水、雷雨大风及冰雹，最大冰雹直径为4 mm。研究发现：① 本次过程出现在中、低空急流加强的强辐合区；② 低层暖湿，中层干冷，建立大气不稳定层结；③ 探空资料表明，6 km以下强的风切变有利于形成强风暴；④ 低空湿层厚度大，是本次过程冰雹与短时强降水同时存在的主因；⑤ 强对流出现在高空冷涡东南方向5～7个纬度、地面气旋倒槽顶部的槽区及气旋前部暖切变附近；⑥ 冷池的不断加强，造成倒槽顶部切变附近对流加强并形成超级单体风雹，在冷池前沿和暖锋锋生相交的地方，对流增强，当暖锋线与倒槽切变线合并时形成飑线，带来12级强风；⑦ 利用多普勒雷达和双偏振雷达资料，可联合识别冰雹落区，提高冰雹的短时临近预报预警能力。

【关键词】山东半岛强对流；冷池；强垂直风切变；超级单体风暴；地面辐合线；双偏振雷达

强对流天气包括雷暴大风、下击暴流、冰雹、龙卷和强雷雨等中小尺度天气现象，是伴随对流风暴发生发展的，而对流风暴的发展依赖于大气的动力和热力条件。有关研究表明，强对流天气的发生发展与大气的不稳定性[1, 2]和垂直风切变[3, 4]强度有密切的联系。对于强对流天气的成因，目前国内外研究较多。李云静、张建春等[5]对一次冷涡背景下的强对流天气进行了不稳定条件分析，认为低层暖湿平流、高层冷干平流有利于不稳定能量的累积，从而导致强对流天气的发生。牛淑贞、张宇星等[6]对一次冷涡横槽型强对流天气过程进行了分析，认为高空冷槽叠加低层暖脊使不稳定能量增加。国内外更多的研究指出，边界层辐合线是风暴发生发展的动力条件之一，是强对流风暴发生、发展临近预报的关键。[7]低层辐合线的出现或加强均先于有组织对流系统的形成[8]，分析边界层辐合线的移动与演变能提高对强对流风暴的临近预报、预警[9]。

山东春末夏初强对流天气频发，强对流成因比较复杂，强对流发生的时间、落区极难预报。冷涡是造成山东强对流天气的主要影响系统。冷涡型飑线产生的天气更为剧烈，除了降水和雷暴大风外，还可出现冰雹或龙卷。[10]多人对冷涡背景下飑线产生的位置和特征[11]、原因和发展演变趋势[12-14]进行了研究，得出了一些有意义的结论。冷涡背景下，冷池与周边高能区形成中尺度能量锋，并诱发次级环流使雹云得以发展维持。[15]

受高空冷涡影响，2020年5月17日傍晚到18日凌晨，我省出现一次强雷雨天气，出现雷雨大风、短时强降水以及冰雹。临沂、枣庄、日照、威海、烟台和青岛的部分地区出现短时强降雨，最大小时雨强出现在威海的荣成城西站，为56.9 mm；潍坊的部分地区、烟台的南部地区以及青岛的大部分地区出现冰雹灾害，冰雹最大直径为6 cm。另外，在产生冰雹的区域出现了强风，在日照的岚山港出现12级（36.6 m·s^{-1}）瞬时大风。风雹灾害给山东的农业带来较大的经济损失。本文从天气形势、大气层结条件、地面辐合线与冷池对强对流的作用以及雷达回波特征等方面进行分析，以找出这次强对流天气的成因，提高对强对流天气的预报预警能力。

1 天气形势分析

500 hPa 图上，17日20时至18日08时，蒙古冷涡主体东移南下。强对流开始前期，山东出现强劲的西到西南急流。850 hPa图上，山东西部出现华北冷涡，鲁南和山东半岛为涡前西南急流控制。中层和低层出现的急流，为强对流天气的产生提供了大尺度的上升运动。

地面图上，鲁中和山东半岛位于黄淮气旋倒槽的顶部。在倒槽顶部东南风与东北风（或南风与北风）切变区域，暖切变附近，出现最强对流，冰雹主要出现在烟台的南部、青岛和潍坊的部分地区。

2 探空资料分析

从青岛17日20时的探空图（图1）来看，620 hPa以下存在较强的湿区，925 hPa以西有浅薄逆温层，有利于不稳定能量的积累，中空有明显的干冷空气。这种上干冷、下暖湿的配置，形成了不稳定的大气层结，有利于对流的产生。从探空站的各要素资料来看（表1），850 hPa与500 hPa的温差为30.5℃，TT为49℃，均达到山东出现强对流的标准（分别为28℃和44℃）。6 km以下的风切变值为35.8 m·s^{-1}，达到强风暴等级标准。0℃层到−20℃层的高度适宜，且湿球温度0℃层到−20℃层的厚度为3 km，正是山东出现大雹的标准。湿层厚度为3 251 m，比较深厚，这也是本次对流天气冰雹和短时强降水共同存在的主要原因。大风指数*VV*达到24.2，预示将有强风的产生。CAPE值虽然不大，但600 hPa以下的CAPE值高达993 J · kg^{-1}，说明负浮力做功是造成此次强对流的一个主要因素。从干层夹卷动量下传潜势来看，对流风暴基本以东移为主（257.5° ），移动速度较快，为18.3 m · s^{-1}。

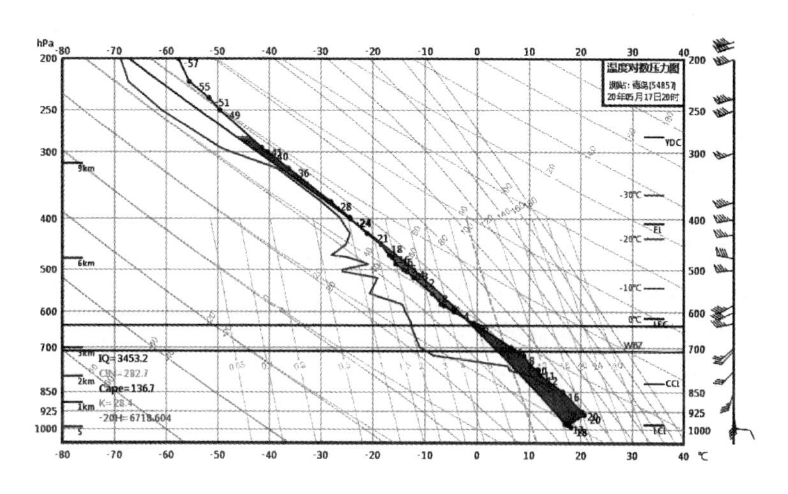

图1　17日20时青岛探空图

表1　青岛站17日20时探空资料

探空要素	$T_{850}-T_{500}$/℃	SI/℃	TT/℃	CAPE/DCAPE600/J · kg^{-1}	CIN/J · kg^{-1}	LCL/m	Shr6/m · s^{-1}
数值	30.5	−8x.2	60	137/993	283	177	35.8
探空要素	0℃高度/m	−20℃高度/m	0℃与−20℃/m	干层夹卷动量下传潜势风向/°	干层夹卷动量下传潜势/m · s^{-1}	湿层厚度/ m	*VV* /m · s^{-1}
数值	3 679	6 719	3 040	257.5	18.3	3 251	24.2

3 冷池作用分析

从5月17日14时到20时的地面图上可以看到，鲁西南有气旋加强，并逐渐东移北上，20时气旋中心到达鲁中地区。在气旋倒槽区附近及西北部与冷空气接触的地方，首先出现了阵雨或雷雨天气。由于降水的拖曳作用，出现了较强的下沉气流，将中层的干冷空气带到地面。从地面24 h的变温幅度看，14—20

时，冷池不断加强，在渤海湾附近由−4℃的变温中心，快速加强为−12℃，从而在冷池的前沿与暖湿空气的交接处，即地面气旋的倒槽切变线附近激发出更强的对流。

4 雷达回波分析

17日17时开始，强对流回波在潍坊附近生成，之后沿地面倒槽向东北方向移动。19时前后，带状强对流回波开始影响莱州西部沿海，之后以东移为主，回波带上有多个多单体风暴。20时17分带状回波移动到莱州、昌邑一线，其中位于莱州附近的为Y0号单体。从风暴趋势看，单体的C−VIL（垂直累积液态水含量）、DBZM（最大反射率因子）、TOP（回波高度）基本为55～60 kg·s^{-2}、60～70 dBZ和9～11 km。之后倒槽上东移时，21时03分左右与从青岛附近北上的暖切变在莱阳附近交接，形成人字形回波，Y0单体的回波强度得以加强，单体的C−VIL基本在60 kg·s^{-2}以上，DBZM为70～80 dBZ，回波高度在9 km以上，综合指标达到烟台大雹标准，此时莱阳出现4 cm直径的大雹。人字形回波继续东移时，合并成一条飑线，在青岛、临沂等地的部分地区造成大雹及12级瞬时大风。

以垂直于雷达的方向，对20时17分莱州附近的强对流单体Y0做垂直剖面（图2），可以看到风暴前侧的入流和明显的悬垂结构，回波顶高达到12 km，最强反射率因子达到70 dBZ，为一明显的超级单体风暴。

另外，冰雹可以利用多种方式进行识别，可提高冰雹预警的准确率和预警时间。17日19时43分，利用旁瓣回波在潍坊昌邑和烟台莱州识别出大雹。20时

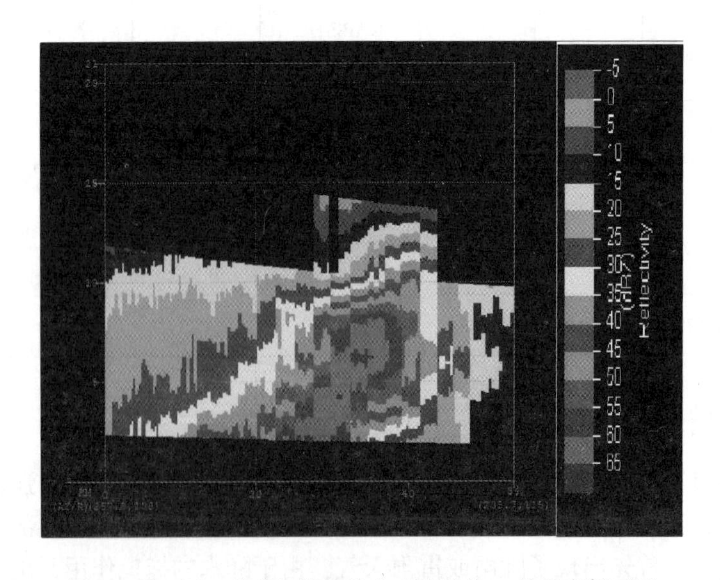

图2　7日20时17分多普勒雷达上对流单体Y0的垂直剖面图

17分，利用55 dBZ以上的强反射率因子和小于0.85的相关系数联合识别出潍坊和烟台的3处降雹区。另外，利用55 dBZ以上的强反射率因子和双偏振雷达的降水相态也可以快速地识别雹区。

5 结论

（1）此次强对流天气产生在高空冷涡、低空西南涡与地面黄河气旋叠加的强辐合上升区。中、低空急流的生成对对流的加强有直接作用。

（2）本次强对流是湿对流过程，水汽条件好，湿层厚度大，强降雨的同时伴随降雹。6 km以下强的垂直风切变是强对流更加有组织化及长时间维持的主要原因。

（3）强对流的落区出现在地面辐合线附近。在气旋倒槽区冷暖空气交接的地方，由于冷池的加强促进了对流的加强。

（4）雷达风暴趋势图表明，对流单体在东移过程中有明显加强的特征。强对流带上出现超级单体风雹，造成强风和大雹。在倒槽和暖锋交接及合并的时段，都造成对流的再次加强。

（5）利用多普勒雷达反射率因子结合双频振雷达资料，可方便、快捷地识别雹区，有利于提高对冰雹的预报预警能力。

参考文献

[1] 李耀东，刘健文，高守亭．动力和能量参数在强对流天气预报中的应用研究[J]．气象学报，2004，62（4）：401-409．

[2] 吴涛，黄锐，舒芳国，等．“2003.6.2”十堰强对流天气雷达回波和数值模拟分析[J]．气象科学，2005，25（6）：629-637．

[3] 陈明轩，王迎春．低层垂直风切变和冷池相互作用影响华北地区一次飑线过程发展维持的数值模拟[J]．气象学报，2012，70（3）：371-386．

[4] 徐芬，郑媛媛，肖卉，等．江苏沿江地区一次强冰雹天气的中尺度特征分析[J]．气象，2016，5（5）：567-577．

[5] 李云静，张建春，王捷纯，等．一次冷涡背景下强对流不稳定条件的成因分析[J]．气象，2013，39（2）：210-217．

[6] 牛淑贞，张宇星，吕林宜．一次冷涡横槽型强对流天气过程分析[J]．气象与环境科学，2013，39（2）：210-217．

[7] 刁秀广，车军辉，李静，等．边界层辐合线在局地强风暴临近预警中的应用[J]．气象，2009，35（2）：29-33．

[8] 张群，张维桓，姜勇强．边界层辐合线发展成飑线的数值试验[J]．气象科学，2001，21（3）：308-315．

[9] 赵金霞，徐灵芝，卢焕珍，等．盛夏渤海湾大气边界层辐合线触发对流风暴对比分析［J］．气象，2012，38（3）：336-343．

[10] 吴瑞姣，陶玮，周昆．江淮灾害性大风飑线的特征分析［J］．气象，2019，45（2）：155-165．

[11] 杨珊珊，谌芸，李晟祺，等．冷涡背景下飑线过程统计分析［J］．气象，2016，42（9）：1079-1089．

[12] 张芹，王洪明．一次东北冷涡背景下的飑线天气过程诊断分析［J］．气象与环境科学，2018，41（2）：43-51．

[13] 公衍铎，郑永光，罗琪．冷涡底部一次弓状强飑线的演变和机理［J］．气象，2019，45（4）：483-495．

[14] 姚晨，郑媛媛，张雪晨．长生命史飑线在强、弱对流降水过程中的异同点分析［J］．高原气象，2012，31（5）：1366-1375．

[15] 尉英华，陈宏，张楠，等．冷涡影响下一次冰雹强对流天气中尺度特征及形成机制［J］．干旱气象，2018，36（1）：27-33．

第二部分

灾害气候特征

1988—2017年烟台地区暴雨时空分布特征分析

任伯骅
（烟台市气象局，烟台　264003）

【摘要】本文根据1988—2017年烟台地区11个国家地面气象基础观测站的24时逐日暴雨数据，利用线性趋势分析法分析了暴雨的时空分布特征：从日变化来看，年平均暴雨日数为10.1 d，年平均影响范围为24.6站次，平均暴雨强度为71.4 mm·d^{-1}。从月变化来看，月平均暴雨日数呈中间多、两头少趋势，其中5月和7月呈线性显著上升趋势，7月最多。通过线性趋势分析年变化时发现暴雨日呈现递增趋势。分析空间变化时发现，年平均暴雨日数和暴雨强度的分布趋势不一致，说明这些地区容易产生暴雨灾害。从空间分布上看，各地差异较大，其中6月的平均暴雨强度大，暴雨日数少，易造成旱涝急转或暴雨灾害。

【关键词】暴雨；线性趋势；M-K突变检验；烟台

暴雨是常见的灾害性天气之一，容易对人民生命和财产安全及工农业的生产和安全带来危害，并带来严重的经济损失。烟台市地处山东半岛东北部，北临渤海，南靠黄海；既有海岛地区，也有丘陵地带；既有沿海地区，也有大陆地区。复杂的地形环境和气候环境，导致烟台市的暴雨有突发性和局地性的特点。近年来，一些气象工作者利用逐日降水资料从降水变化等角度探讨了各区域的降水变化特征，得到了针对区域气候特征等许多有意义的结论。[1-12]董旭光等[13]根据121个气象站的逐日数据利用M-K法分析了山东省1961—2010年降水的日数和强度存在明显的年际震荡，降水日数总体呈减少的趋势。徐宗学等[14]根据14个气象站的数据利用M-K法分析了1958—2008年的气温和降水数据，表明除济南降水量呈略微上升趋势外，其余地区的降水倾向率均为负值。烟台市的降水季节性较强，大部分的降水集中在7—8月，也容易产生洪涝灾害，尤其在春季经常出现干旱[3-5]，更容易产生旱涝急转的现象。

1 资料选取方式

本文选取1988—2017年烟台市11个国家地面气象基础观测站（简称“大监站”）20时到20时的日数据进行分析和统计，当11个大监站中有1个站点日降水量≥50 mm即被统计为暴雨日数；当有3个及以上站点出现暴雨时，定义为区域性暴雨，2个及以下定义为局地性暴雨。当连续两日及以上出现暴雨时，定义为持续性暴雨。暴雨平均强度为暴雨降水总量与暴雨日数之比。

用线性趋势分析法分析暴雨年趋势变化。

2 烟台市30年暴雨时间分布特征

2.1 暴雨日数、平均强度及影响范围的日变化

烟台市1988—2017年总暴雨日数为305 d，总影响范围为739站次。20—20时降水量≥250 mm的特大暴雨在30年中仅出现过一次，2009年7月18日出现在蓬莱，为263.3 mm。日暴雨在一年中出现最早的时间是2007年3月4日，影响范围为龙口、蓬莱和栖霞；最晚是在2009年10月31日，影响范围为蓬莱和莱州。平均暴雨强度最大出现在2009年7月18日，为209.6 mm · d^{-1}；最小出现在1992年9月2日和1997年8月28日，均为50.1 mm · d^{-1}。年暴雨日数和影响范围见表1。

烟台市1988—2017年区域性暴雨日数为93 d，占暴雨日数的30.5%，区域性暴雨影响范围占暴雨影响范围的62.4%。局地性暴雨日数占暴雨日数的69.5%，局地性暴雨影响范围占暴雨影响范围的37.6%。总持续性暴雨个数为46个，连续两天暴雨的个数最多，占78.3%（36个）。持续性暴雨的总日数为109 d，占暴雨日数的35.7%；持续性暴雨影响范围为284站次，占总影响范围的38.4%；其中，持续时间最长的为2013年7月9—13日，为期5天，各区市均受影响，其中福山、莱州、招远、牟平和蓬莱出现大暴雨，莱州出现两天的大暴雨。

表1 1998—2017年烟台市暴雨日数和影响范围

暴雨类型	年平均日数/d	年平均影响范围/站次
暴雨	10.1	24.6
大暴雨	2.1	4.2
区域性暴雨	3.1	15.4
局地性暴雨	7.1	9.3
持续性暴雨	3.6	9.5

2.2 暴雨日数、平均强度及影响范围的月变化

1988—2017年烟台市暴雨日数和影响范围月变化图显示，暴雨月变化为类抛物线形状，11月到次年的2月没有暴雨， 3—6月开始增多，7月最高（占总暴雨日数的43.3%，占总影响范围的41.0%），8月开始减少，并在9月迅速减少。烟台市平均暴雨强度月变化也呈现两头小、中间高的趋势，其中5月最少为52.5 mm · d^{-1}，8月最大为72.8 mm · d^{-1}。

区域性暴雨和局地性暴雨月变化趋势也类似于暴雨变化，区域性暴雨日数少，但是影响范围大。3月只有一次区域性暴雨，而10月没有区域性暴雨。持续性暴雨只出现在6—9月，呈现两头少、中间多的趋势。其中，7月出现持续性暴雨个数最多（24个，占总个数的52.2%），6、9月个数最少（3个）。7、8月持续性暴雨影响范围均为124站次，占总影响范围的87.3%。

2.3 暴雨日数、平均强度及影响范围的年变化

1988—2017年烟台市暴雨、区域性暴雨、局地性暴雨、持续性暴雨和大暴雨的线性变化趋势均呈递增趋势（均不显著）。1988—2017年烟台暴雨日数和影响范围年变化见表2，其中，暴雨年变化幅度较大，暴雨影响范围年变化幅度比日数更大。暴雨日数最少的为1989年，暴雨日数为3 d，暴雨影响范围为3个站次；最多的为1990年和2013年，暴雨日数均为17 d； 但暴雨影响范围最大的为2007年和2013年，均为52个站次。暴雨日数和影响范围均较多的时段有1994—1996年、2007—2009、2011年。平均暴雨强度的变化趋势类似于暴雨日数，但变化幅度较小，其中2003年最大为85.9 mm · d^{-1}，2000年最小为60.1 mm · d^{-1}。平均暴雨强度较多的年份有1991年、1996—1998年、2002—2003年、2005—2007年、2009—2010年、2014年和2017年。

区域性暴雨和局地性暴雨年变化幅度也较大，区域性暴雨变化幅度相对较小。区域性暴雨在1989年没有出现；出现最多的2013年为8 d，影响范围最大的2007年为43站次。局地性暴雨最少的1997年为2 d的，影响范围为2站次；最多的1990年为13 d，影响范围最大的1990年和1996年均为16站次。区域性暴雨和局地性暴雨变化趋势大致一致，只有2005年是区域性暴雨日数偏多，其余均是局地性暴雨日数偏多。持续性暴雨日数2001年最多为11 d，2000年、2002年和2014年均为0 d；按照个数分类，持续性暴雨在1990年、1996年和2001年均为4个；持续性暴雨影响范围在2007年和2013年最多，均为28站次。

暴雨日数、区域性暴雨日数、局地性暴雨日数和持续性暴雨日数均较多的年段只有1994—1996年，较多的年份还有1990年、2001年、2007年、2013年和2017年。

表2 1988—2017年烟台市暴雨日数

年份	暴雨/d	区域性暴雨/d	局地性暴雨/d	大暴雨/d	持续性暴雨/d
1988	10	2	8	2	2
1989	3	0	3	0	2
1990	17	4	13	0	9
1991	8	2	6	1	2
1992	8	2	6	1	2
1993	10	1	9	0	3
1994	14	5	9	3	5
1995	12	4	8	6	1
1996	14	5	9	3	8
1997	4	2	2	2	2
1998	10	5	5	5	2
1999	5	1	4	1	2
2000	7	2	5	0	0
2001	14	4	10	2	11
2002	4	1	3	1	0
2003	12	5	7	8	2
2004	9	1	8	0	2
2005	10	4	6	2	2
2006	6	1	5	2	0
2007	14	6	8	6	7
2008	13	3	10	2	8
2009	14	5	9	2	4
2010	9	4	5	3	2
2011	11	5	6	1	2
2012	11	3	8	2	2
2013	17	8	9	3	7
2016	10	1	9	4	0
2017	16	4	12	9	5

2.4　暴雨日数和平均强度的趋势分析

1988—2017年烟台市暴雨日数和平均强度趋势都是强加趋势（图1），暴雨日数的增加回归系数是0.07 d・a^{-1}，趋势系数是0.17；平均暴雨强度的增加回归系数是0.09 mm・a^{-1}，趋势系数是0.12；但是趋势均不明显（未通过0.1显著性检验），区域性暴雨、局地性暴雨、持续性暴雨和大暴雨的趋势均不明显。

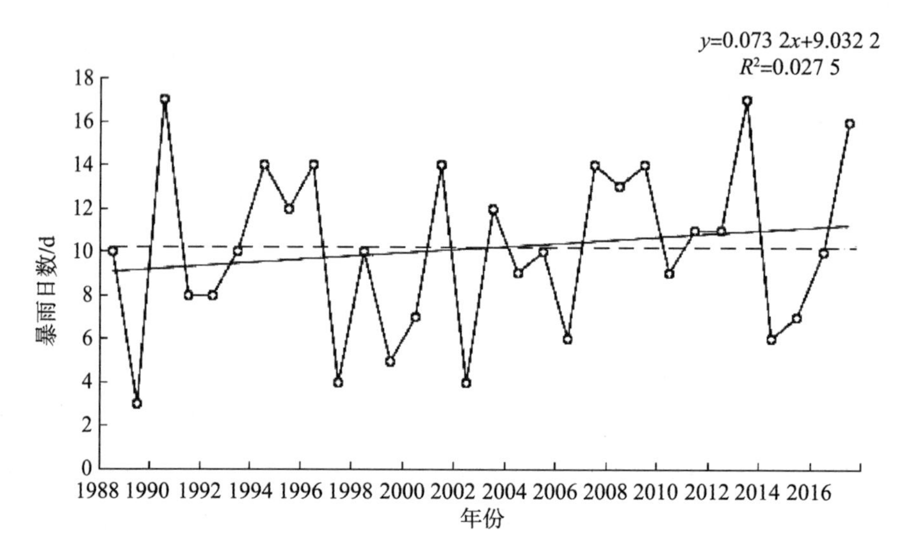

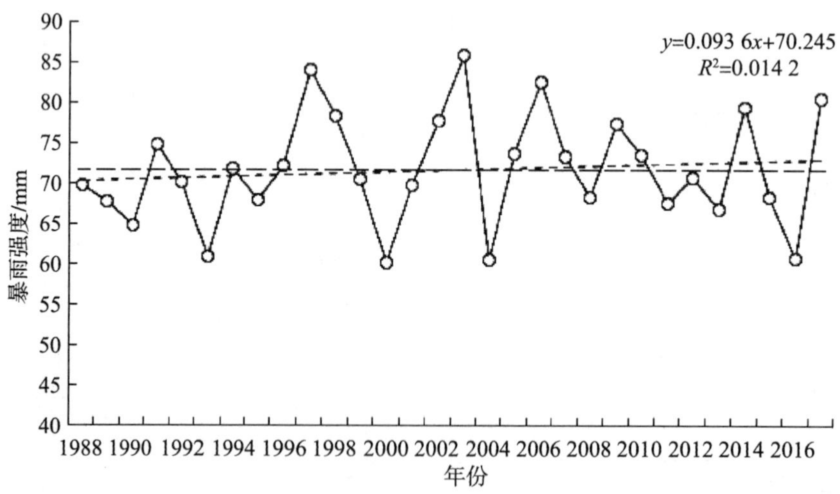

图1　1988—2017年烟台市暴雨日数和平均强度趋势分析

1988—2017年烟台市3月、4月和10月由于暴雨日数太少，所以不显示在逐年变化图（图2）中。烟台市的月平均暴雨强度，6月和9月呈下降趋势（趋势不显著），5月、7月和8月呈上升趋势，其中8月上升趋势不显著，5月和7月的趋势系数是0.35（通过0.05显著性检验）和0.31（通过0.1显著性检验），上升趋势显著。而月平均暴雨日数中，只有6月呈下降趋势，趋势系数为−0.29（未通过0.1显著性检验），5月、7月、8月和9月均呈上升趋势，其中只有5月的趋势系数为0.39（通过0.05显著性检验），其余月份显著性不明显（未通过显著性检验）。

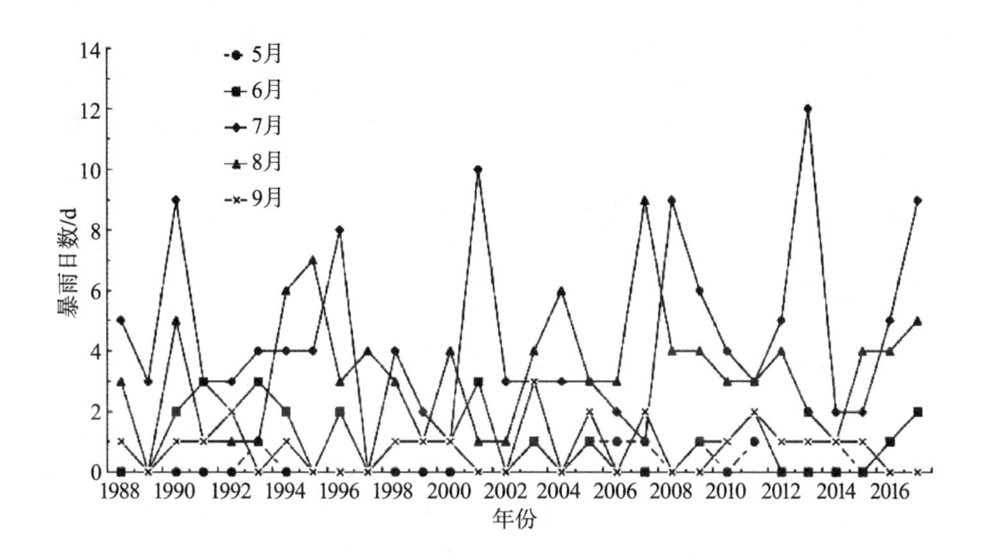

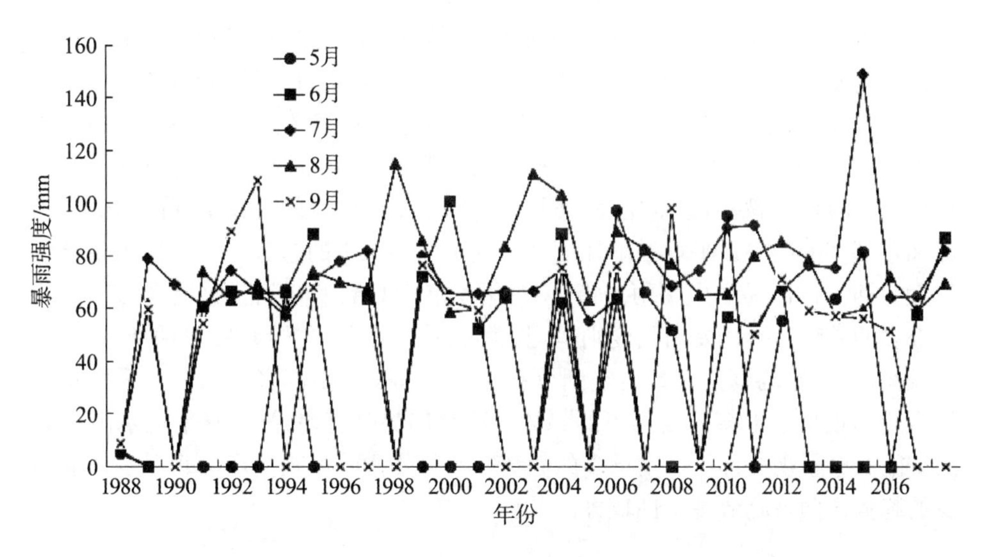

图2　1988—2017年烟台月平均暴雨日数和强度逐年变化

3 烟台市30年暴雨空间分布特征

3.1 平均暴雨日数和强度的空间分布

烟台市年平均暴雨日数空间分布呈现北少南多、东多西少的趋势，大值区位于烟台市的西北—东南呈带状分布。年平均暴雨日数超过2.3 d的主要集中在烟台市南部地区，即莱州、招远、栖霞、莱阳、海阳、福山和牟平；其中长岛年平均暴雨日数最少，为2.0 $d \cdot a^{-1}$，莱州、莱阳和海阳最多，为2.4 $d \cdot a^{-1}$。年平均暴雨强度空间分布则呈现出东多西少、南北少中间多的趋势，大值区位于烟台市的东—西呈带状分布。年平均暴雨强度超过76.5 $mm \cdot d^{-1}$的主要集中在莱州、招远、栖霞、蓬莱、烟台、牟平和莱阳；其中牟平年平均暴雨强度最小，为83.5 $mm \cdot d^{-1}$，福山最小，为71.4 $mm \cdot d^{-1}$。年平均暴雨日数和暴雨强度的空间分布形势不符合，尤其是蓬莱和烟台的暴雨日数偏少，但平均暴雨强度偏大，说明这些地区容易产生暴雨灾害。

3.2 月平均暴雨日数及强度的空间分布

1988—2017年在3—4月、10月仅发生过一次暴雨。5月在烟台市各地区均有暴雨日数，但是总暴雨日数较少，最多的为海阳，共出现4 d暴雨，大部分地区（烟台、莱阳、牟平、长岛和栖霞）只出现过一次暴雨；平均暴雨强度明显比暴雨日数偏少的3月、4月要大很多，分布极不均匀。

分析1988—2017年6—9月月平均暴雨日数和暴雨强度可以看出，莱阳和海阳月平均暴雨日数最多的是8月，其余地区月平均暴雨日数最多的是7月；月平均暴雨强度各地差异较大，9月平均强度大的地方最多（蓬莱、栖霞、福山和莱阳），7月次之（莱州、龙口和牟平），长岛和海阳5月平均暴雨强度最大，只有烟台8月平均暴雨强度最大。6月平均暴雨日数的空间分布呈现西部少、北部和东部多的趋势，平均暴雨强度则呈现出西多东少的趋势，两种趋势差异性较大，西部地区易产生暴雨灾害。7月平均暴雨日数的空间分布呈现东部少、西部多的趋势，平均暴雨强度则呈现出西部多、东部少的趋势，两种趋势差异性较小。8月平均暴雨日数的空间分布呈现北部少、南部多的趋势，平均暴雨强度则呈现出东部多、西部少的趋势，两种趋势略有差异。9月平均暴雨日数的空间分布呈现北部少、南部多的趋势，平均暴雨强度则呈现出北部多、南部少的趋势，两种趋势差异性较大。

4 结论

（1）1988—2017年年平均暴雨日数为10.1 d，年平均影响范围为24.6站次，平均暴雨强度为71.4 $mm \cdot d^{-1}$。区域性暴雨日数占总暴雨日数的30.5%，影响范围占暴雨影响范围的62.4%；局地性暴雨日数占总暴雨日数的69.5%，影响范围占暴雨影响范围的37.6%。持续性暴雨中连续两天暴雨的个数最多。

（2）月暴雨日数呈现中间多、两头少的趋势，7月最多。通过线性趋势分析来看6月和9月呈下降趋势（趋势不显著），5月、7月和8月呈上升趋势，其中5月和7月上升趋势显著。通过30年来的线性趋势分析可看出暴雨日数、强度等呈现递增趋势，暴雨日数、范围和平均强度均较大的年份只有1996年、2007年和2017年。

（3）烟台市年平均暴雨日数空间分布呈现北少南多、东多西少的趋势，大值区位于烟台市的西北—东南呈带状分布。年平均暴雨强度空间分布则呈现出东多西少、南北少中间多的趋势，大值区位于烟台市的东—西呈带状分布。年平均暴雨日数和暴雨强度的空间分布形势不符合，尤其是蓬莱和烟台的暴雨日数偏少，但平均暴雨强度偏大，说明这些地区容易产生暴雨灾害。

（4）月平均暴雨日数除莱阳和海阳最多的是8月外，其余地区最多的是7月。月平均暴雨强度各地差异较大，9月平均强度大的地方最多（蓬莱、栖霞、福山和莱阳）。6月和9月的暴雨日数和平均强度分布差异性较大，8月分布略有重合，7月基本无差异。尤其是烟台春季常年干旱[14]，6月的平均暴雨强度大，日数少，易造成旱涝急转及暴雨灾害。

参考文献

［1］刘晓冉，李国平，范广洲，等．我国西南地区1960—2000年降水资源变化的时空特征［J］．自然资源学报，2007，22（5）：783-791．

［2］张皓，冯利平．近50年华北地区降水量时空变化特征研究［J］．自然资源学报，2010，25（2）：270-279．

［3］佘敦先，夏军，张永勇，等．近50年来淮河流域极端降水的时空变化及统计特征［J］．地理学报，2011，66（9）：1200-1210．

［4］刘地，李梅，楼章华，等．近50年来浙江省降雨特性变化分析［J］．自然资源学报，2009，24（11）：1973-1983．

［5］李邦中，周旭，赵中军，等．近50年中国东北地区不同类型和等级降水事件变化特征［J］．高原气象，2013，32（5）：1415-1424．

［6］周长艳，岑思弦，李跃清，等．四川省近50年降水的变化特征及影响［J］．地理学报，2011，66（5）：620-630．

［7］汪宝龙，张明军，魏军林，等．西北地区近50a气温和降水极端事件的变化特征［J］．自然资源学报，2012，27（10）：1720-1732．

［8］张永民，肖风劲．豫西山区降水与气温的波动规律研究［J］．自然资源学报，2010，25（12）：2132-2141．

[9] 邹立尧，丁一汇，王冀. 东北强降水时空变化的特征和原因分析[J]. 自然资源学报，2013，28（1）：137-147.

[10] 张顺谦，马振峰. 1961—2009年四川极端强降水变化趋势与周期性分析[J]. 自然资源学报，2011，26（11）：1918-1929.

[11] 孟秀敬，张士锋，张永勇. 河西走廊57年来气温和降水时空变化特征[J]. 地理学报，2012，67（11）：1482-1492.

[12] 卞洁，何金海，李双林. 近50年来长江中下游汛期暴雨变化特征[J]. 气候与环境研究，2012，17（1）：68-80.

[13] 董旭光，顾伟宗，孟祥新，等. 山东省近50年来降水事件变化特征[J]. 地理学报，2014，69（5）：661-671.

[14] 徐宗学，孟翠玲，赵芳芳. 山东省近40a来的气温和降水变化趋势分析[J]. 气象科学，2007，27（4）：387-393.

[15] 王冰，余锦华，程志攀，等. 基于SPI的烟台地区干旱特征分析[J]. 山东农业大学学报（自然科学版），2015，46（1）：16-22.

2009—2019年烟台市主要气象灾害分析及预警防御浅析

王楠喻[1]　姜俊玲[1]　秦　璐[2]
（1. 烟台市气象局，烟台　264003；2. 烟台市牟平区气象局，牟平　264100）

【摘要】本文利用烟台市近11年气象灾情统计资料，分析了2009—2019年发生的气象灾害的类型、时间变化特征、区域分布特征，并初步探讨了预警预报服务在防灾减灾工作的作用。结果表明，烟台市发生的气象灾害类型有暴雨洪涝、冰雹、干旱、大风、台风、低温冷害、冻害、雷电和雪灾。烟台市气象灾害发生频次在2009—2016年呈下降趋势，在2016—2019年呈上升趋势。干旱、暴雨洪涝、台风气象灾害影响范围为全市；雪灾主要影响烟台市的西部、北部地区；大风气象灾害对烟台市的沿海地区影响较大。冰雹、低温冷害、冻害是比较常见的农业气象灾害，发生地区的农业是重要产业。决策气象预报服务是为社会公众、政府决策和应急响应工作服务的，是气象防灾减灾工作中的重要一环。

【关键词】烟台；气象灾害；防灾减灾

中国受自然灾害影响严重，其中气象灾害占自然灾害的70%以上[1]，并且气象致灾因子也可以引发其他类型的灾害[2]。烟台地处山东半岛中部，是环渤海地区城市之一[3]，低山丘陵地形为主，虽属温带季风气候，但因其独特的地理位置气候也一定程度上受海洋调节。上述各种因素导致影响烟台的气象灾害种类较多。

烟台列入山东新旧动能转换综合试验区“三核”之一以来，以加快建设制造业强市、海洋经济大市、宜业宜居宜游城市和现代化国际滨海城市为目标定位。[4]突发灾害性天气会带来较严重的经济损失。[5]不同种类的气象灾害影响程度不同，由气象灾害导致的次生灾害影响程度也不同[6]，所以气象防灾减灾工作的重要性不言而喻。烟台市气象局作为烟台气象防灾减灾体系中的一环，加强对相关灾害的预测预报能力建设、完善气象灾害预警发布系统和开展灾害防御科学研究等[7]十分必要。

本文利用2009年以来的灾情数据，评估了烟台市区及其下属各市的主要气象灾害类型、时间变化特征、区域分布特征，并探讨了预测预报服务在防灾减灾工作的作用，以期总结烟台市气象灾害的特征，完善防灾减灾决策服务流程，提升气象防灾减灾决策服务能力。

1 资料来源与方法

本文使用的气象灾害数据来自全国气象灾害灾情数据库中2009—2019年的烟台市气象灾害数据资料，该资料主要来自当地应急局。

为了方便统计，本文将烟台市莱山区、芝罘区和高新区的数据统一归为市区。烟台经济开发区气象局台站于2015年建站，截至2019年，只有近2015—2019年的数据，暂将其数据归入福山。分析方法主要是数理统计方法。

2 烟台市气象灾害发生特征分析

2.1 年际变化特征

图1统计的是2009—2019年烟台市累计气象灾害次数，2009—2019年烟台市有记录的气象灾害为179次，年均16.2次。其中，2010年最多，为36次；最少出现在2016年，只有1次。烟台市气象灾害发生频次在2009—2016年呈下降趋势，

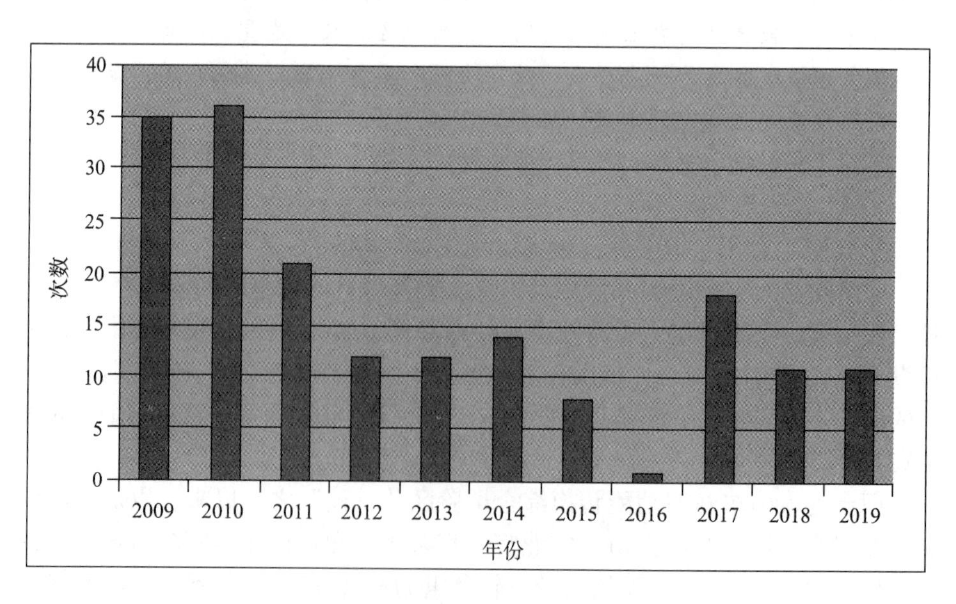

图1 2009—2019年烟台市累计气象灾害频次变化

在2016—2019年呈上升趋势。分析2009—2019年烟台各市累计气象灾害次数可知，烟台、长岛、福山和牟平等地发生频次总体上呈现下降趋势，其余市呈现先减少后增多的趋势。

2.2 各类气象灾害年际变化特征

分析2009—2019年烟台市气象灾害类型发生频次变化数据可以看出，烟台市的气象灾害类型有暴雨洪涝、冰雹、干旱、大风、台风低温冷害、冻害、雷电和雪灾。这与姜俊玲等[8]统计的2008—2017年烟台市气象灾害类型基本一致。雷电和雪灾两类气象灾害发生在2010年之前，低温冷害发生在2011年之前，其余的气象灾害在2009—2019年发生的频率较高。冰雹发生的频率最高，除2015年和2018年外，每年都有发生，在2018年发生频次最多，为9次。近年来暴雨洪涝虽然有频率变低的趋势，但值得注意的是台风气象灾害发生增多，台风气象灾害包含暴雨洪涝和大风等二级气象灾害。暴雨洪涝是近年来造成经济损失最多的一项气象灾害[8]，虽然统计其发生的灾害次数减少，仍综合来看，仍是影响较重的灾种。

2.3 灾害性天气月际变化和气象灾害类型季节变化

本文按月统计了烟台市发生气象灾害的灾害性天气过程，发现烟台市的灾害性天气每个月都有发生，最多出现在6月，其次是8月。按照季节统计气象灾害类型可知，导致烟台气象灾害的天气过程中，干旱、大风两类气象灾害在一年四季都有发生；暴雨洪涝气象灾害主要出现在夏季和秋初；台风气象灾害主要发生在夏季；冰雹气象灾害主要出现在春末夏初和秋季；低温冷害气象灾害主要发生在冬季；冻害气象灾害发生在春季较多。

2.4 主要气象灾害类型

由图2可知，干旱发生频次最多，占烟台发生气象灾害总数的24%。暴雨洪涝频次排在第二，占烟台气象灾害的20%。冰雹发生频次排第三，占烟台气象灾害的14%。台风发生频次排第四，占烟台气象灾害的13%。大风发生频次排第五，占烟台气象灾害的12%。这五种气象灾害占烟台气象灾害的83%，其他三种（低温冷害、冻害、雷电）气象灾害虽然发生频次较少，但其造成的直接经济损失和受灾人口占比较大[8]。因此，以上气象灾害都是防灾减灾的重点关注类型。

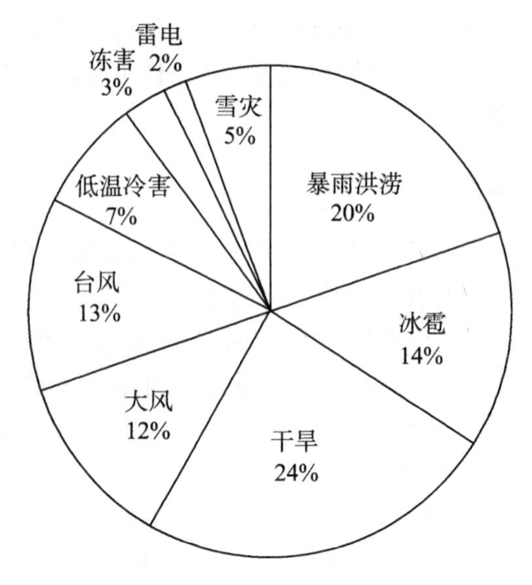

图2 2009—2019年烟台市气象灾害类型及占比

2.5 区域分布特征

为了研究2009年以来烟台气象灾害的区域分布特征，本文以区市为单位对气象灾害发生频次和类型进行了统计。如图3所示，烟台2009—2019年气象灾害发生频次最高的地区是莱阳和莱州，11年间各自共发生22次，各自占全市气象

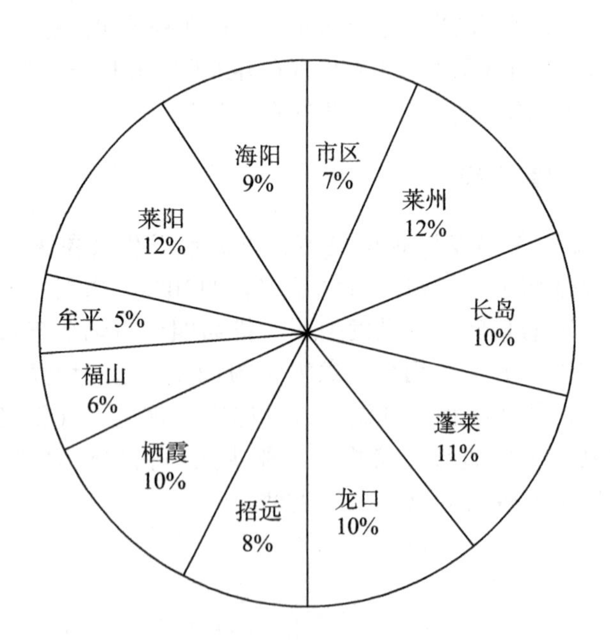

图3 2009—2019年烟台各地发生气象灾害占比

灾害总数的12%；其次是蓬莱，共发生19次，占总频次的11%；栖霞和龙口各发生18次，长岛发生17次，海阳发生16次，招远发生15次，以上地区占全市气象灾害总数的82%，其造成的经济损失中，农业损失占比较大。烟台市区、福山和牟平三地发生频次占总频次的18%。

2.6 区域灾害类型特征

2009—2019年，烟台市发生的气象灾害类型多为5～7种。烟台不同地区发生气象灾害类型不同。烟台市区、福山和牟平以暴雨洪涝、台风和雪灾为主，体现了城市气象灾害[6]的特点。长岛的主要气象灾害是大风，11年间发生的17次气象灾害中有7次是大风，暴雨洪涝和雪灾的影响次之。莱阳和海阳发生的气象灾害类型相同，主要为干旱、暴雨洪涝、大风、冰雹、台风和低温冻害。莱州发生的气象灾害类型为7种，干旱、暴雨洪涝和大风发生频次排在前三位，除雷电气象灾害外，其他类型皆有发生。蓬莱发生的气象灾害类型与莱州相同，其排在前三位的气象灾害类型是冰雹、干旱和暴雨洪涝。龙口和栖霞发生的气象灾害类型为5种，主要受冰雹、暴雨洪涝、干旱、台风和低温冷害的影响。招远除雪灾外其他气象灾害类型皆有发生，按照频次排在前三位的是干旱、大风、冰雹。

2009—2019年，干旱、暴雨洪涝和台风三种气象灾害在烟台市的影响范围较广，烟台各地皆有发生。暴雨洪涝和台风气象灾害发生时多为大尺度天气系统，在全年任何时间都有可能发生，并且发生时的影响时间较长、影响范围较广。雪灾主要发生在烟台市区、牟平、福山、长岛、蓬莱和莱州。烟台市北面临海，素有“雪窝”之称。冬季除受系统性降雪影响外，北部地区也多冷流降雪天气。大风气象灾害在烟台市的沿海地区发生频次较高，在内陆地区致灾较少，但从天气角度来说，烟台全市的大风日数较多。从灾种作用对象来看，冰雹、低温冷害、冻害气象灾害主要作用于农业，其发生时间往往是在农作物、经济作物开花或者结果时，造成农业经济损失较大。

综上分析，干旱、暴雨洪涝、台风气象灾害的影响范围为全市。雪灾主要分布在烟台市的西部、北部，与地理位置和地形有一定的关系。大风气象灾害在烟台市的沿海区市发生频次较高。冰雹、低温冷害、冻害是比较常见的农业气象灾害，发生地区的农业是重要产业。

3 烟台市主要气象灾害成因的简要分析

3.1 干旱气象灾害

气象灾害系统收集的干旱类型主要有三种：一种是降水量不足导致的气候变化造成的干旱；一种是一段时期内不正常的干燥天气导致的持续缺水造成的

干旱；一种是明显低于历史同期降水量，对农业生产、居民饮水等生产生活造成影响的干旱。干旱气象灾害是某地一段时间内降水量和蒸发量的不平衡导致的水分亏缺现象，是一个积累的反馈过程，在全年任何时间都有可能发生。干旱是烟台全市范围内的气象灾害，对发生区市的农业影响较大。2009年以来，烟台市的干旱气象灾害发生频率较高，基本隔1～2年就会发生，影响时间长短不一。近几年影响最为严重的干旱气象灾害出现在2017年。2017年1月30日至6月20日，莱阳降水量比常年偏少99.6 mm，福山降水量比常年偏少52.2 mm，当地出现大范围的干旱，导致农作物受灾，受灾面积6万余公顷，居民饮水困难，困难人口8万余人，造成直接经济损失超过70亿元，其中主要是农业经济损失。

3.2　暴雨洪涝气象灾害

烟台市地处季风区，季节变化明显。暴雨洪涝气象灾害主要发生在夏季，每年对烟台市的影响较大，是汛期关注的重点气象灾害之一。7月中下旬副热带高压北跳，7月下旬到8月上旬频繁发生暴雨，很多致灾严重的暴雨气象灾害发生在这个时期。形成暴雨需要一定的条件：一是充分的水汽供应，二是强烈的上升运动，三是较长的维持时间。[9]

暴雨洪涝气象灾害的发生主要是由于突发性的强降水使农田渍涝、城市积水，其影响时间长短不一，雨强较强，短时间内也可以导致灾害。暴雨洪涝可以造成农作物减产或者绝收，进而造成经济损失。烟台多丘陵山地，地势低洼地带易积水，或者积雨强度超过城市排放能力时，会对交通和城建产生巨大影响，影响城市的安全生产甚至会产生较大的经济损失；在地势较高或者高山附近，易造成山体滑坡、泥石流等次生地质灾害。

3.3　冰雹气象灾害和雷电气象灾害

冰雹是冰雹云的产物，是直径大于5 mm的固态降水物。[10]冰雹气象灾害对烟台的季节性影响也比较明显，多发生在春末夏初，近几年在秋季发生的频次也在逐渐增多。其预报难度较大，突发性和局地性较强，发生时有时还会伴随着雷电和大风等灾害性天气。冰雹的发生时间与烟台农作物的开花和结果时间较为接近，会对农业造成较大损害，导致较大的经济损失。冰雹气象灾害的发生对城市安全和行人安全等会有较大的潜在危险。雷电气象灾害是强对流天气出现的强雷电造成的灾害。雷电气象灾害直接影响着通信、供电、航空以及诸多建筑的安全。[6]

强对流天气是夏季影响烟台的主要灾害性天气，通常是指伴有短时强降水、冰雹、雷暴大风、强雷电等现象的灾害性天气。[9]其发生除天气条件外，和地形也有很大的关系，在山地和丘陵交界地带易产生风雹。[8]

3.4 大风气象灾害

大风也是烟台市全年都会发生的气象灾害，并且发生较为频繁，影响范围覆盖全市。产生大风的天气系统较多，如冷锋、雷暴、气旋和台风。烟台位于中纬度地区，地处山东半岛，三面环海，海上下垫面摩擦力小，海上、沿海地区、岛屿易出现大风天气；内陆地区多山地，海拔较高，也比较容易出现大风。渤海海峡的狭管效应易使偏西风增大。大风容易造成农作物倒伏、养殖设备损坏、户外建筑损害，影响航线通航及港口安全生产，造成经济损失，严重的还会威胁到人们的生命安全。

3.5 台风气象灾害

近年来影响烟台市的台风气象灾害有增多的趋势，也是夏季需要重点关注的气象灾害之一。全球变暖背景下，极端天气增多，2018年8月山东半岛在7天之内连续遭受了3次台风影响。[10, 11]台风气象灾害影响范围较广，发生时天气复杂，影响方面较多，可以同时导致多种气象灾害及衍生的次生灾害，以暴雨洪涝和大风为主。台风环流结构可以导致地面气压梯度较大，造成烟台临近海域和陆地上的大风。烟台的气象灾情数据中，若台风气象灾害的影响以暴雨洪涝致灾为主，以暴雨洪涝作为一级灾情进行上报。台风在到达中纬度时强度不一，有可能其本体强度仍然较强；也有可能因为冷空气的影响会加速台风环流结构减弱，但是在一定程度上会加强倒槽附近降水，仍然可以造成暴雨，如2019年第10号台风“利奇马”对山东的影响。[10]

3.6 雪灾气象灾害

雪灾是冬季陆地上的主要灾害，是冬季需要重点关注的气象灾害。烟台的降雪除受系统性天气影响外，还由于烟台北部临海，受海洋影响，冬季有极具地域特色的冷流降雪，当高、低空系统配置较好时，甚至会出现冷流降雪。冷流降雪发生时影响机制复杂，预报难度较高。雪灾主要发生在烟台西部、北部地区，这也是冷流降雪频发的地区。形成暴雪需要具备三个条件：水汽条件、垂直运动条件、云滴增长条件。[9]导致雪灾的降水量并不一定需要达到暴雪的量级。降雪可以导致陆面湿滑、积雪结冰、交通堵塞，影响交通和行人安全；强降雪可以导致越冬作物减产，对农业造成经济损失。

3.7 低温冷害气象灾害和冻害气象灾害

这两类气象灾害对烟台的影响既有相同点也有不同点。相同点是两种都是常见的农业气象灾害，近几年发生频率都降低。不同点是导致其发生的气象条件不同。烟台的低温冷害主要是湿雪等二级灾害导致的农作物减产或绝收；影响时间较长，2009年12月的低温冷害长达半个月。烟台冻害的影响主要是霜冻造成的，在冬季、春季、秋季都有发生。

4 气象灾害预警防御浅析

气象灾害一般是由灾害性天气导致的。引起气象灾害的灾害性天气突发性较强，可预报性较差，预报难度较高。灾害性天气的预报、提前给相关单位和部门提供防御建议可以在一定程度上减少气象灾害造成的损失。前文统计了烟台2009—2019年已经发生的气象灾害类型，但是仍有很多气象灾害类型可能发生。烟台的地理位置、地形和气候等因素导致天气情况复杂，灾害性天气频发，未来可能发生的气象灾害类型种类较多。应尽量在预报中关注各个季节频发的灾害性天气和气象灾害，做好预警应急预案。春季要重点关注倒春寒、严重晚霜冻、春旱、沙尘天气、低能见度天气、冬麦区干热风、强对流天气、较大范围的降水（尤其是第一场透雨）、森林火灾、大风；夏季重点关注麦收区连阴雨、大范围降水、雨季开始和结束时间、夏初旱或春夏连旱、强对流天气、台风、高温、大风、暴雨；秋季重点关注连阴雨、台风、初霜冻、秋旱、森林火灾、低能见度天气、大风、强降温；冬季重点关注雪灾、干旱、道路结冰、低能见度天气、大风、冻害、寒潮、一氧化碳中毒。

决策气象预报服务是为社会公众、政府决策和应急响应工作服务的，是气象防灾减灾工作中的重要一环。烟台市气象台针对灾害性天气的决策气象预报服务，主要以预警服务业务为主。预警服务是在气象预报和监测的基础上完成的。

4.1 加强短期短时灾害性天气监测，做好突发灾害性天气预警服务

近年来，随着科技进步和发展，监测手段、信息发布手段和传播方式不断丰富和发展，给决策气象预报服务工作提供了较大的便利。通过天气雷达组网、气象卫星云图资料和增加自动站台站数量，实时天气监测更加直观、高效、迅速。应该充分利用好现有监测产品，对系统性天气提前关注，对局地性天气频发时间提高警惕，随时关注上下游天气变化和上级业务单位发布的预警，对烟台市的天气进行预报分析。当有可能发生影响烟台的灾害性天气时，按照烟台市气象台《基层突发灾害性天气预警服务业务规范流程》及时发布预警信号。

4.2 加强气象灾害监测预警，做好应急响应准备工作

数值天气预报技术的发展和数值产品的增多使得预报员可以更多维度地掌握和了解天气变化。当有重大影响的天气系统在上游、源地生成，未来移动发

展可能影响烟台时，可结合区域气象灾害特点和时间特征、预报经验和预报知识对其预判。若可能造成气象灾害，需要按照《烟台市气象灾害应急预案》及时做好应急准备工作。

4.3 完善预警防御指南，做好防灾减灾服务

在预警信号服务材料中，防御指南是针对发布的灾害性天气所可能导致的气象灾害的防灾减灾措施。在预警服务工作中，应该避免模板化的语言，选择合适的程度词，过分强调可能会带来不必要的恐慌。应结合每次灾害性天气的特征，提出符合实际的防御建议，以提高预警服务能力。

4.4 提高灾害天气预报服务能力，做好气象防灾减灾“消息树”

灾害性天气和气象灾害的科学准确预报，是气象防灾减灾工作的前提，是一系列防灾减灾工作的“消息树”。100%的准确难以达到，100%的努力必须做到。预报员需要加强自身的预报服务能力以提供科学准确的预报。预报方面，重点天气信息及时总结；技能方面，加强对短时天气的监测能力，提升对灾害天气的敏感度；服务方面，确保服务材料及时准确地向政府、社会等发布，为可能的抢险工作“抢时间”。

5 结论

（1）烟台市发生的气象灾害类型主要有暴雨洪涝、冰雹、干旱、大风、台风、低温冷害、冻害、雷电和雪灾。烟台市发生的气象灾害在2009—2016年呈下降趋势，在2016—2019年呈上升趋势。导致气象灾害的灾害性天气发生在6月的最多。

（2）烟台气象灾害的天气过程中，干旱、大风两类气象灾害在一年四季都有发生；暴雨洪涝气象灾害主要出现在夏季和秋初；台风气象灾害主要发生在夏季；冰雹气象灾害主要出现在春末夏初和秋季；低温冷害气象灾害主要发生在冬季；冻害气象灾害发生在春季较多。

（3）干旱、暴雨洪涝、台风气象灾害影响范围为全市。雪灾主要发生在烟台市西部、北部。大风气象灾害在烟台市的沿海地区发生频次较高。冰雹、低温冷害、冻害是比较常见的农业气象灾害，发生地区的农业是重要产业。

（4）决策气象预报服务是为社会公众、政府决策和应急响应工作服务的，是气象防灾减灾工作的中重要一环。

本文仅对2009—2019年的气象灾害类型、时间变化特征、区域分布特征进行了初步统计分析，对气象灾害的研究并不深入、全面，未来工作中将加强对气象灾害导致的直接经济损失、受灾人口等方面的研究。

参考文献

［1］中国气象局．中国气象灾害年鉴（2005）［M］．北京：气象出版社，2005.

［2］陈云峰，高歌．近20年我国气象灾害损失的初步分析［J］．气象，2010（2）：76–80.

［3］国务院办公厅．国务院办公厅关于批准烟台市城市总体规划的通知［EB/OL］. http://www.gov.cn/zhengce/content/2015–09/16/content 10171.html.

［4］烟台市统计局．2018年烟台市国民经济和社会发展统计公报［EB/OL］. http://www.yantai.gov.cn/art/2019/4/15/art 27463 2411549.html.

［5］秦大河．影响我国的主要气象灾害及其发展态势［J］．自然灾害学报，2007，16（s1）：46.

［6］迎春．城市气象灾害及其防御研究综述［J］．现代农业，2019（2）：91–94.

［7］辛吉武，许向春．我国的主要气象灾害及防御对策［J］．灾害学，2007，22（3）：85–89.

［8］姜俊玲，王楠喻．2008—2017年烟台气象灾害特征及影响分析［J］．地球科学前沿（汉斯），2018，8（7）：1142–1148.

［9］姚学祥．天气预报技术与方法［M］．北京：气象出版社，2011.

［10］柳龙生，黄彬，吕爱民，等．2019年夏季海洋天气评述［J］．海洋气象学报，2019，39（4）：97–107.

［11］柳龙生，吕心艳，高拴柱．2018年西北太平洋和南海台风活动概述［J］．海洋气象学报，2019，39（2）：1–12.

烟台市 2015—2019 年气候概况及天气气候事件

宋丽潞
（烟台市气象局，烟台　264003）

【摘要】本文基于烟台市近 5 年（2015—2019 年，下同）各区市的气温、降水量和日照时数等观测数据进行统计分析，并对近 5 年烟台市的主要灾害性天气进行总结，结果表明，2015—2019 年全市平均气温为 13.4℃，较常年偏高 0.8℃，近 5 年全部为正距平；全市年平均降水量为 562.3 mm，较常年偏少 62 mm（少 9.9%）；平均日照时数为 2 464.3 h，较常年偏少 150.6 h（少 5.7%），近 5 年均为负距平。主要灾害性天气有干旱、强对流、大风寒潮、暴雪和台风暴雨等。

【关键词】烟台；气候概况；灾害天气

2015—2019年，烟台市平均气温为13.4℃，较常年偏高0.8℃，近5年全部为正距平；全市年平均降水量为562.3 mm，较常年偏少62 mm（少9.9%）；平均日照时数为2 464.3 h，较常年偏少150.6 h（少5.7%），近5年均为负距平。主要灾害性天气有干旱、强对流、大风寒潮、暴雪和台风暴雨等。总的来说，近5年烟台市降水较常年偏少，降水时空分布不均，出现连续干旱，天气气候较为异常。

1　主要气象要素的变化

1.1　气温

如图1、图2所示，近5年，烟台市年平均气温为13.4℃，较常年偏高0.8℃。从各年平均气温距平来看，近5年全部为正距平。2017年为平均气温偏高的年份，比常年偏高了1.1℃，其余年份比常年略偏高。

从地理分布来看，莱州年平均气温全市最高为14.7℃，招远、栖霞年平均气温全市最低为12.7℃，其他区市为13.2℃～14.1℃。近5年，极端最高气温为39.5℃，出现在福山，时间为2019年7月22日；极端最低气温为−16.2℃，出现在招远，时间为2017年1月21日。

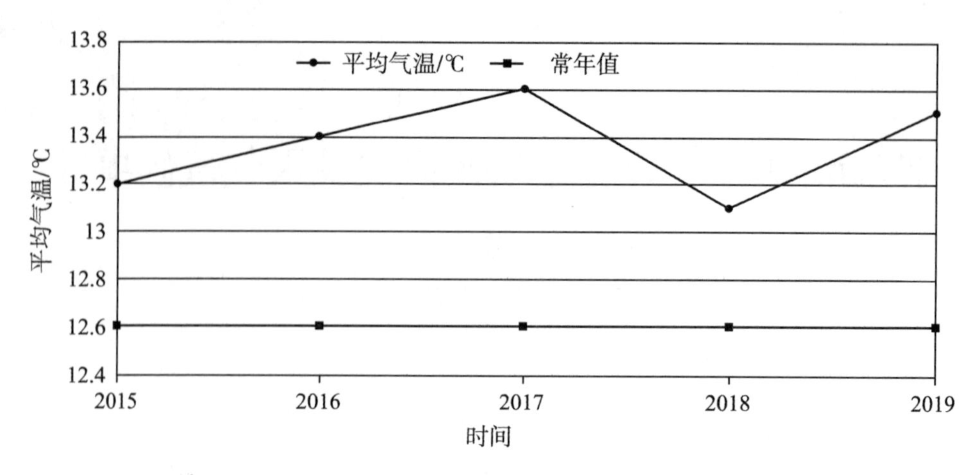

图1　2015—2019年烟台市年平均气温变化

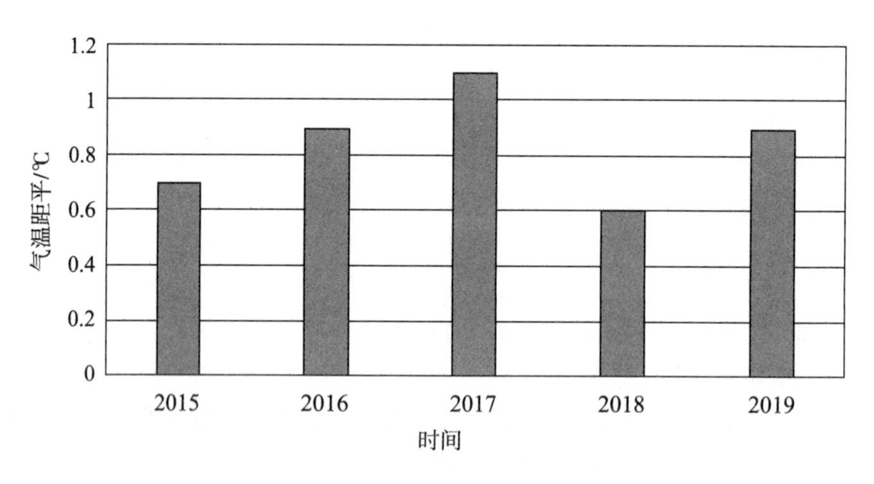

图2　2015—2019年烟台市年平均气温距平变化

1.2　降水

如图3、图4所示，近5年，烟台市年平均降水量为562.3 mm，较常年偏少62 mm（少9.9%）。从各年平均降水量来看，近5年中有2年为正距平，3年为负距平。2017年、2018年平均降水量正常，其他年份均较常年偏少。在偏少的年份中，2019年平均降水量为441.7 mm，较常年同期偏少180.3 mm（少29.0%）；2015年平均降水量为532.4 mm，较常年同期偏少90.1 mm（少14%）；2016年平均降水量为528.3 mm，较常年同期偏少94.2 mm（少15%）。

从地理分布来看，烟台市降水呈现南多北少的态势。栖霞年平均降水量最多，为617.3 mm；其次是莱阳，为598.8 mm；长岛最少，为506.7 mm。近5年牟平年平均降水量比常年偏少133.0 mm，偏少20.0%。见表1。

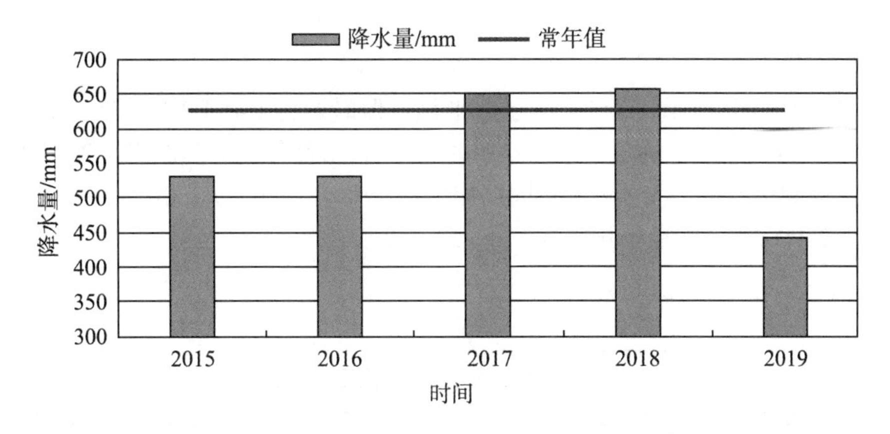

图3　2015—2019年烟台市年平均降水量变化

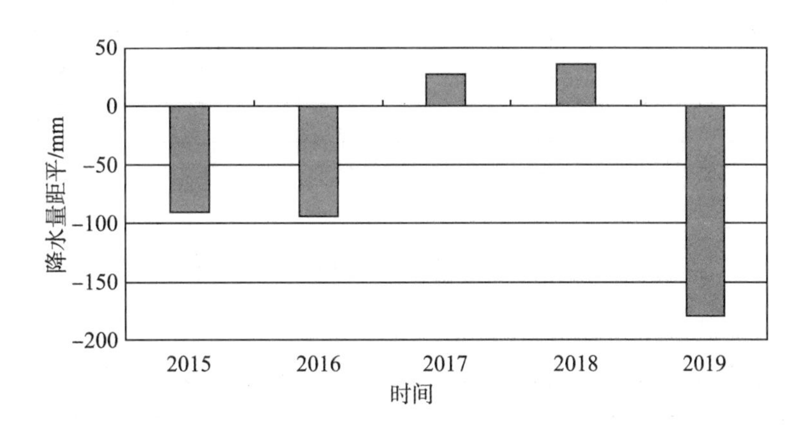

图4　2015—2019年烟台市年平均降水量距平变化

表1　2015—2019年全市各站年平均降水量及常年比（单位：mm）

台站	长岛	蓬莱	龙口	福山	烟台	牟平
近5年	506.7	539.2	534.8	552.8	580.9	515.4
较常年	−41.0	−71.0	−51.0	−54.3	−57.1	−148
台站	招远	莱州	莱阳	海阳	栖霞	平均
近5年	568.1	564.2	598.8	563.9	617.3	562.3
较常年	−51.4	−40.8	−50.6	−133	−27.2	−62.0

1.3 日照时数

如图5、图6所示，近5年烟台市平均日照时数为2 464.3 h，较常年偏少150.6 h（少5.7%）。从各年平均日照时数来看，近5年均为负距平。2019年平均日照时数为2 360.2 h，较常年同期偏少232.9 h（少9.0%）；2018年平均日照时数为2 441.3 h，比常年同期偏少166.5 h（少6.0%）。

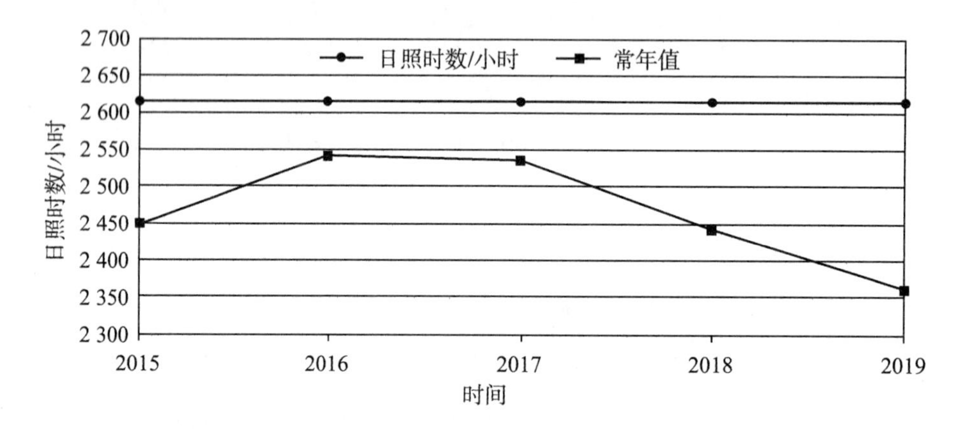

图5 2015—2019年烟台市平均年日照时数变化

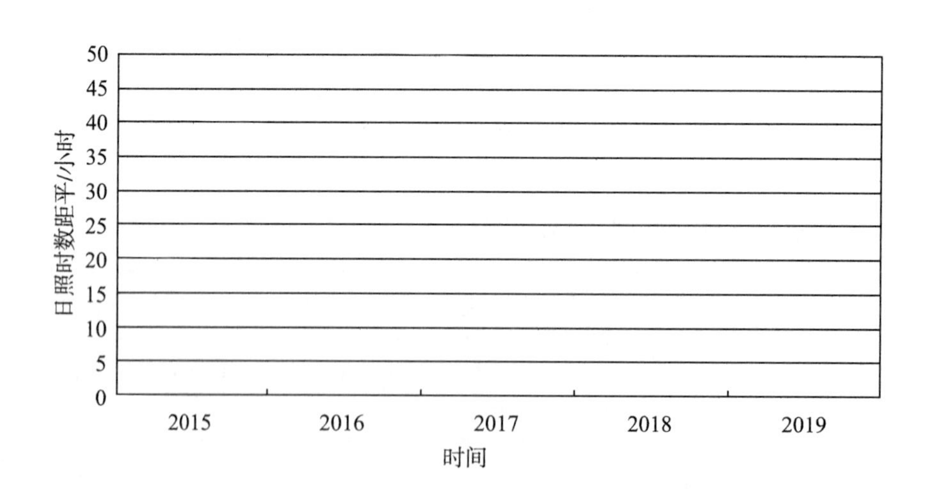

图6 2015—2019年烟台市平均年日照时数距平变化

2 主要天气气候事件

2.1 春季森林火险气象等级高，森林防火压力大

春季气温回升快，蒸发量大，出现了阶段性干旱，森林火险气象等级持续偏高，多地出现山火，森林防火形势十分严峻。2015年，比较严重的是3月24日的牟平山林大火和4月16—19日的龙口山林大火。2017年，烟台完成龙口、开发区、栖霞、牟平、海阳等地山林大火应急气象服务共10次，为历史上最多的一年。2017年4月5日、11日、18日，5月29—31日，6月2日、5日、10—11日，龙口下丁家、栖霞唐家泊、牟平王格庄、海阳盘石店、芝罘卧龙山、昆嵛山先后出现了山火。2019年5月上旬和中旬，栖霞、莱州、牟平、蓬莱等地先后出现了山火，市气象台完成山林大火应急气象服务共达5次。

2.2 全年降水偏少，旱情持续发展

自2014年汛期结束到2019年，烟台市降水持续偏少，发生了自2001年以来最为严重的连续干旱。降水偏少，气温偏高，南大风天气多，土壤失墒快，旱情急速蔓延并不断加剧，给人们的生产生活造成严重影响。2015年1月1日至7月20日，烟台全市平均降水量为143.5 mm，较常年同期偏少5成，为30年来最少。特别是7月1—20日，全市平均降水量仅为18.1 mm，较常年同期偏少72.2 mm（少8成），旱情凸显。加之入夏之后气温较高，蒸发量大，部分地区旱情呈现逐步加重的趋势，已造成烟台部分乡镇村庄出现人畜饮水困难，农作物、经济作物普遍受灾严重。2017年1月1日至6月30日，全市平均累计降水量为150.1 mm，较常年同期偏少36.0 mm。由于连续3年降水持续偏少，加之2016—2017年冬季雨雪稀少，土壤底墒较差，6月气温又快速升高，进一步加快了土壤失墒，致使旱情急速蔓延并加剧，烟台市部分地区出现比较严重的旱情。2019年烟台年平均降水量较常年偏少3成左右，出现持续干旱。其中，5月下旬至7月下旬持续高温少雨，全市平均降水量为103.7 mm，较常年同期偏少6成，旱情迅速发展。2019年雨季自7月23日开始，至8月27日结束，持续36 d，为1951年以来开始时间最晚、持续时间最短的一个雨季。

2.3 强对流

2016年，副高强盛，烟台市出现多副高边缘短时强降水天气。其中，6月23日，7月22—23日、25日夜间，8月1日、19日，9月5日先后出现局部暴雨。2016年5月5日，龙口市南部山区遭受雷阵雨夹杂冰雹的袭击，果树损失比较严重。9月5日，牟平区局地出现冰雹。9月11日，栖霞、莱阳、招远和龙口的部分乡镇出现冰雹天气，正值成果期的苹果遭受严重损失。2017年夏季，副高压

强盛，冷空气活跃，烟台市多局地强降水天气，降水时空分布不均匀。其中，6月23—24日，7月6—7日、14—17日、19—20日，8月12—15日、17—20日、23日先后出现局地暴雨，8月6日出现雷雨大风和局部冰雹。2018年共有4次较大范围强对流风雹灾害。5月27—28日，6月13日、28日，9月30日，蓬莱、栖霞、招远、莱州、莱阳、龙口等地先后出现冰雹和雷雨大风，其中冰雹最大直径为2 cm，最大风力为8～11级，苹果、葡萄等经济作物受灾，果农收成受到影响。2019年6月4—5日，受高空冷涡影响，大部地区出现雷阵雨天气，局部地区伴有冰雹和雷雨大风。风雹造成蓬莱、龙口、莱州部分乡镇的小麦、苹果、樱桃等农作物不同程度受灾，受灾人口达到10 354人，农作物受灾面积为1 638 hm^2，农业损失为4 500万元。

2.4 台风

2018年烟台市共受到4次台风外围环流影响，即7月23—24日的“安比”、8月15—16日的“摩羯”、8月18—20日的“温比亚”、8月23—24日的“苏力”。影响最为严重的是台风“温比亚”，有30个镇街出现大暴雨，陆地出现8～9级阵风，部分乡镇出现风雨灾害。2019年8月11—13日，受台风“利奇马”影响，烟台市出现了全市性暴雨、局部大暴雨天气。全市142个雨量自动监测站的平均降水量为82.1 mm，其中15站为100 mm以上，119站为50 mm以上，最大降水出现在海阳朱吴，为185.8 mm。

2.5 暴雨

2017年8月2日夜间开始到5日，受台风“海棠”减弱后的低压环流影响，烟台市大部分地区出现暴雨和大暴雨，全市过程平均降水量为101.9 mm，降水量达50 mm以上的有115站，100 mm以上的54站，最大降水量出现在栖霞寺口，达318.1mm。受副高边缘暖湿气流和弱冷空气共同影响，2018年6月25—26日，烟台市出现了一次强降水天气过程，自动监测站的过程平均降水量为55.4 mm，其中6站出现大暴雨，89站出现暴雨。烟台11个大监站累计降水量均在40 mm以上，其中栖霞降水量最大，为109.4 mm。8月18日夜间到20日白天，受第18号台风“温比亚”外围环流及减弱后的温带气旋影响，烟台市出现暴雨，局部大暴雨，全市平均降水量为76.6 mm，最大降水出现在莱阳沐浴店，达175.7 mm，有30个站降水量超过100 mm，有118个站降水量超过50 mm，最大小时降水量为63.1 mm，出现在20日05时的莱阳站。受副高边缘暖湿气流、西风槽和切变线的共同影响，8月28日凌晨到29日白天，受弱冷空气和暖湿气流共同影响，我市出现局部暴雨，全市平均降水量为23.4 mm，雨量分布不均，其中，莱州、蓬莱、龙口等地出现暴雨，局部大暴雨。全市共有21个站点出现50 mm（暴雨）以上降水，2个站点为100 mm（大暴雨）以上，最大降水出现在莱州柞村，为119.4 mm（大暴雨）。2019年，烟台共出现8次局地暴雨天气过程。分别出现在7月6—7日、11日、23—24日、28日以及8月2—3日、8日，9月3—4日，11月23—24日。11月23—24日，受强冷空气和西南暖湿气流的共同影响，烟台出现明显降雨天气。全市平均降水量达到40.2 mm，烟台市区出现了暴雨。23日，烟台站日降水量达60.3 mm，创下本地11月历史极值和最晚暴雨记录；牟平站日降水量达73.9 mm，创下牟平11月下旬历史极值和最晚暴雨记录。

2.6 高温

2016年，受超强厄尔尼诺事件影响，7月下旬至8月中旬，烟台出现持续高温，高温日数为常年一倍以上。2017年，全市平均高温日数为5.7 d，较常年（2.2 d）明显偏多。2018年7月中旬到8月上旬主汛期期间，烟台市气温偏高，湿度偏大，降水稀少。8月上旬，旬平均气温为29.5℃，较常年偏高4.6℃，达有气象记录以来最高值，市气象台连续6 d发布高温黄色预警信号。2019年全市平均气温为13.5℃，较常年偏高0.9℃，为1951年以来第二高值；全年有11个月气温较常年偏高，其中3月和5月为历史第三和第二高值；35.0℃以上的高温天气出现在5月下旬和7月下旬，全市高温日数达到9 d。

2.7 大风

秋冬季节，烟台沿海海面多次出现7～8级、阵风9～10级的偏北大风，给海上航行和渔业生产造成较大影响。2015年11月5—8日，受地面气旋影响，出现持续4 d的偏北大风，海面风力达7～8级、阵风9级，陆地风力达6～7级、阵风8级。2016年2月13日，沿海海面风力达9～10级、阵风11级。在6月底和7月底出现了阵风9～10级的雷雨大风，并伴有冰雹或短时强降雨。9月18—19日，受较强冷空气和台风倒槽的共同影响，海面出现7～8级、阵风9级偏北大风，烟台市气象台发布了大风黄色预警信号。由于大风出现时段正值天文大潮期，烟台海边惊涛拍岸，大浪对滨海广场造成一定损失。12月22—23日，烟台沿海海面出现持续接近40 h的偏北大风，为本年度停航时间最长的大风过程，风力达7级、阵风9级。2017年1月中下旬，受冷空气影响，北部海面出现了3次8级、阵风10级的大风天气，给海上交通带来不便。2月8—10日、19—20日分别出现大风降温过程，海面最大风力达到8级、阵风9～10级，陆地最大6～7级、阵风8级。5月5日，受东北气旋后部和冷高压共同影响，出现海面9～10级、阵风11级，陆地7～8级、阵风9级的西北大风。

大风天气对海上的交通运输造成一定的影响，多次造成烟台至大连航线全面停航。另外，大风给水产养殖也带来一定的不利影响。

2.8 暴雪

受较强冷空气影响，2015年11月25—26日，烟台连续出现强降雪，莱州25日（08—08时）降水量达17.5 mm，最大积雪深度达15 cm，为当地罕见；烟台市区26日（20—20时）降水量达11 mm，最大积雪深度达14 cm。2016年1月22—24日，烟台市区和栖霞出现大到暴雪，莱阳、海阳和长岛出现小到中雪，其他地区出现中到大雪，牟平站日降水量最大，达10.2 mm，最大积雪深度达13 cm。2月11—14日，受气旋和强冷空气共同影响，烟台市出现了大雨转阵雪天气，伴随海面9～10级大风和剧烈降温。烟台市区日降水量打破建站以来同期极值。2017年1月19—20日，受较强冷空气影响，烟台市普遍出现降雪，招远、莱州出现大雪到暴雪。12月11—12日，受较强冷空气持续影响，烟台市大部分地区连续两天出现较强降雪天气，全市过程平均降水量达4.5 mm。其中，开发区（非大监站）降水量最大，为14.0 mm（暴雪），积雪深度达12 cm；烟台市区为8.7 mm，积雪深度为10 cm。

2.9 寒潮

2016年1月22—24日，烟台市出现强寒潮降温降雪天气。由于冷空气强盛，烟台市多地出现历史极端最低气温，其中烟台市区、长岛均突破建站以来的历史最低值，蓬莱和海阳为1981年以来最低，莱州、栖霞等地接近1981年以来极端最低气温。2017年11月16—18日，受强冷空气影响，烟台市出现一次寒潮天气过程，48 h最低气温的降温幅度在8℃左右。2019年，受强冷空气影响，烟台市共出现5次寒潮天气，分别出现在3月21—22日、11月13—14日、11月17—19日、11月23—25日以及12月29—31日。其中，11月连续出现了3次寒潮天气，带来了持续性大风及强降温，给农业设施和交通运输带来不利影响。

2.10 雾霾及污染天气

秋冬季节，雾和霾频繁发生，能见度变差，对交通出行和空气质量都有较大影响。2015年2月15—17日、3月29—31日和11月7—9日烟台市出现连续大雾天气。12月21—24日出现严重的雾霾天气，空气质量一度达到重度污染。2016年10月18—20日，受低层暖湿气团影响，烟台市北部沿海和部分内陆地区连续3 d出现能见度低于200 m的大雾天气，对交通有较大影响。12月18—20日，烟台市大部地区连续3 d出现雾和中度或重度霾，市气象台及时发布了大雾橙色和霾黄色预警信号。2017年1月2日和4日早晨出现了两次大雾天气，部分地区能见度低于200 m，对交通产生严重影响。2018年，烟台市北部沿海和海区大雾出现次数多。烟台市气象台共有21 d发布大雾预警信号，为近5年最多。受弱冷空气及上游沙尘天气输送影响，自11月27日10时至28日14时，我市环境空气质量指数（AQI）均超过200，达到重度污染以上级别。其中27日11时至28日12时，均为严重污染，特别是在27日13—20时，AQI一度大于等于500，为污染最严重的时段。2019年1—4月、6月、9—10月及12月烟台共出现了17次大雾天气，对交通出行造成一定影响。

参考文献

[1] 阎丽凤，杨成芳. 山东省灾害性天气预报技术手册[M]. 北京：气象出版社，2014.

[2] 烟台市气象局. 烟台市气候影响评价（2015—2019年）[G].

[3] 烟台市气象局. 烟台市天气气候事件（2015—2019年）[G].

基于文物建筑保护视角的烟台山近代建筑群防雷现状调查及建议

张廷秀[1]　周凤芸[1]　慕小萍[2]
（1. 烟台市气象局，烟台　264003；2. 烟台市文化旅游局，烟台　264003）

【摘要】本文探讨了雷电对古建筑的破坏案例和古建筑雷电防护的适用规范及文件，提出了古建筑雷电防护的主要内容，并以全国重点文物保护单位——烟台山近代建筑群为例，说明我国目前的大部分古建筑未得到有效的防雷保护或防雷装置设施不完善，亟待在全社会加强古建筑的防雷保护意识，建立和完善古建筑的防雷措施。

【关键词】文物；古建筑；防雷；保护

雷电灾害是导致古建筑遭受破坏的主要自然灾害，雷击除直接击毁古建筑的构件外，还因为中国传统古建筑大多为木结构，雷击将直接导致古建筑起火，使古建筑大面积遭受损毁。

烟台，近代胶东半岛新兴历史文化城市，以其依山傍海的特定区位优势和清末民初形成的独有的建筑特征、深厚的文化积淀，成为中国北方东部沿海建筑文化的优秀代表。其中，以烟台山、朝阳街为代表的近现代遗址建筑群更是引起了社会的广泛关注，这些历经风雨的建筑，真实地记录了烟台的历史。

目前，烟台山近代建筑群的归属不同，建成年代不一，使用情况迥异，再加上这些遗址建筑并未实行防雷年检制度，存在的防雷问题均未得到有效的重视和整改，也未见这方面的研究，在山东防雷保护方面属于空白领域。

1　古建筑遭遇雷击破坏案例

千百年来，古建筑遭雷击或因雷电起火被焚毁的事件不胜枚举。

明朝永乐十九年（1422年），北京故宫三大殿（当时名为“奉天”“华盖”“谨身”）遭雷击焚毁，10年后才修复。

明朝嘉靖三十六年（1558年）“大雷雨，戌刻火作”，三殿被焚殃及午门，至嘉靖四十一年才修复，更名为“皇极殿”“中极殿”和“建极殿”。

明朝万历二十五年（1598年）归极门遭雷击起火，延至三殿，一时具烬，20年后才重建完工。

清朝光绪十五年（1890年），天坛祈年殿遭雷击焚毁。

1969年，承德避暑山庄普佑寺，因未安装避雷设备，遭雷击起火，著名的法轮殿和周围群楼、配殿94间全部付之一炬。

2004年5月11日，山西运城稷山县省级文物保护单位大佛寺遭雷击发生火灾，经消防人员奋力扑救，大殿才免遭全毁，但仍有部分建筑被毁坏。

2 古建筑防雷主要涉及文件和规范

2.1 我国文物管理系统方面的古建筑防雷涉及文件和规范

文件及规范主要有《中华人民共和国文物保护法》《中华人民共和国文物保护法实施条例》《文物保护工程管理办法》《文物建筑防雷工程勘察设计和施工技术规范（试行）》《古建筑木结构维护与加固技术规范》等。

2.2 我国及山东省气象系统发布和涉及的雷电防护文件和规范

文件及规范主要有《中华人民共和国气象法》《气象灾害防御条例》《防雷减灾管理办法》《防雷工程专业资质管理办法》和《防雷装置设计审核和竣工验收规定》《山东省防雷工程专业资质认定管理实施细则（试行）》等。

3 古建筑防雷类别的确定

目前普遍将国家防雷标准《建筑物防雷设计规范》（简称《规范》）作为新、改、扩建建筑物防雷标准执行。如何根据古建筑的特殊结构和对防雷的要求，将古建筑防雷标准纳入这一标准之中，确定古建筑防雷类别，是做好古建筑防雷工程设计、施工的基础。

按《古建筑木结构维护与加固技术规范》第5.3.1条的规定，古建筑分为三类：第一类为国家级重点文物保护单位的古建筑；第二类为省级重点文物保护单位的古建筑；第三类为其他古建筑。

以上古建筑分类如何与防雷分类结合，《古建筑木结构维护与加固技术规范》第5.3.4条第一款做了如下规定：防雷装置的选择与构造要求，对第一类古建筑应专门研究，对第二类古建筑应按第一类民用建筑考虑，对第三类古建筑应按第二类民用建筑考虑。

根据国家现行的《建筑物防雷设计规范》，建筑物的防雷分类根据其重要性、使用性质、发生雷电事故的可能性和后果来确定。国家级重点文物保护单位的古建筑至少应划为二类以上防雷建筑物。

在《规范》中，第一类防雷建筑物是指有爆炸危险，因电火花而引起爆炸，会造成巨大损失和人身伤亡者。但古建筑屋架大多为木结构，极易起火燃烧。在第一类古建筑中属于“国宝”级的和列入联合国世界人类文化遗产的大型古建筑群应参照第一类防雷建筑物标准进行防护。因为这些古建筑一旦遭雷击焚毁，将是国家和民族无可挽回的莫大损失，同时也是人类文化遗产的莫大损失，所以第一类古建筑上述部分应划入第一类防雷建筑物重点保护。第一类古建筑其余部分及第二类古建筑应划为第二类防雷建筑物。第三类古建筑中，当古建筑有电源线、信号线等引入内部，有大型金属构件、金属物体、电子设备时，也应划为第二类防雷建筑物。除此之外的第三类古建筑可划为第三类防雷建筑物。

4 古建筑防雷保护的主要内容

4.1 防雷安全设施建设情况

古建筑及其电子系统等是否依法安装防雷装置；是否在适当位置设置防雷安全警示牌；防雷工程是否依法经过气象主管部门防雷装置设计审核和竣工验收；防雷工程是否由具备相应资质的单位设计、施工；使用的防雷产品是否符合国务院气象主管机构规定的使用要求。

4.2 防雷装置安全检测情况

古建筑及其电子系统投入使用的防雷装置是否进行定期检测；是否由具备资质的检测机构检测；经检测发现的防雷安全隐患是否及时整改；是否有专人负责防雷装置的日常维护和管理；防雷装置是否有日常维护费用。

4.3 防雷安全管理制度的建设和执行情况

古建筑及其电子系统是否制定防雷安全责任制度；是否落实防雷安全管理的责任部门；是否建立雷电预警信息渠道；是否制定雷电灾害应急预案；是否对本单位职工开展防雷安全宣传教育；是否建立雷电灾害事故记录、报告制度。

5 烟台山近代建筑群防雷设施现状

2006年，以烟台山保存完好的领事馆建筑群为代表的烟台山近代建筑群被国务院公布为全国重点文物保护单位。其中，领事馆建筑群为烟台山近代建筑群的核心部分。作为中国现存最完整、最密集的近代领事馆建筑群，烟台山近代建筑群汇集了不同国家不同历史文化特色的建筑，成为中国半殖民地半封建社会的缩影和见证，也已成为研究中国近代建筑史、中西文化交流史和中国近代社会发展史珍贵的实物资料，具有重要的历史、艺术和科学研究价值。

烟台山近代建筑群约有30余座建筑，包括美孚洋行旧址、中国银行烟台银行旧址、意大利领事馆旧址、汇丰银行旧址、交通银行烟台支行旧址、美国海军基督教青年会旧址、克利顿酒店旧址、烟台邮政局旧址、德国邮局旧址、市立烟台医院旧址、顺昌商行旧址等。建筑群位置涉及烟台山公园、朝阳街、海岸街、海关街、顺泰街、立新路等，跨越面积约为90 hm^2。

本文以散落在烟台山附近30多座典型的烟台山近代建筑群中具有标志性和代表性的建筑为研究对象，研究其接闪器、引下线、接地装置、内部SPD、进出建筑物线路等，根据目前这些建筑使用用途情况进行分类，按照《建筑物防雷设计规范》和《建筑物电子信息系统防雷技术规范》等防雷规范逐一分析目前这些建筑防雷设施的现状及存在问题，提出有针对性的保护注意事项和整改措施。令人触目惊心的是30多座遗址建筑中仅有4座做了一般性的保护，且接地阻值偏大，消防、报警、监视系统等弱电设施架空进户；其余20多座古建筑则完全缺乏雷电防护设施。见图1。

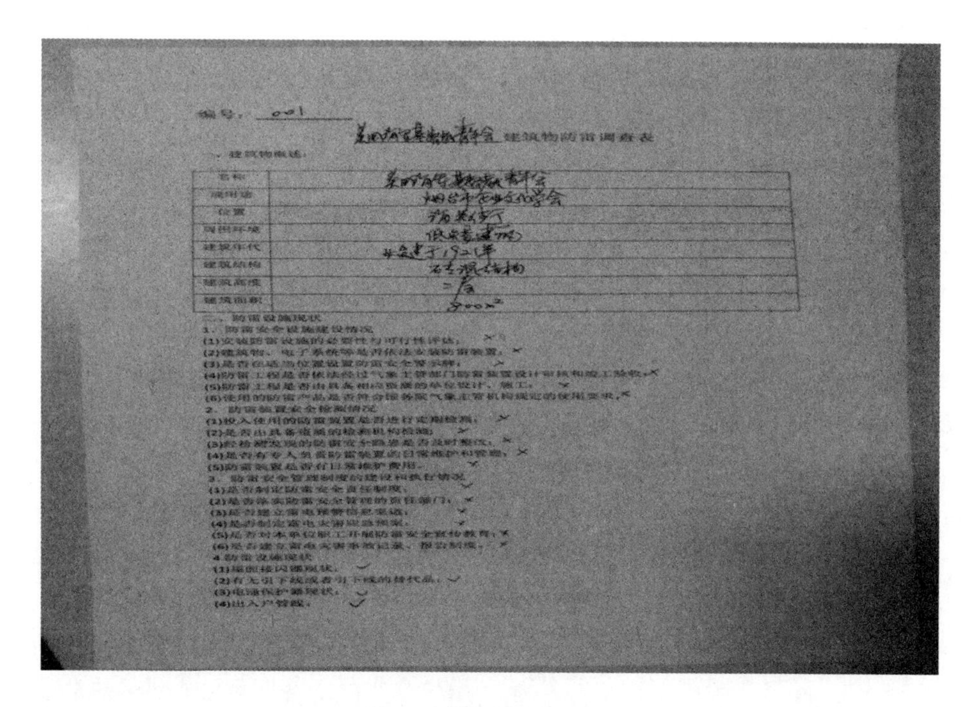

编号：001

建筑物防雷调查表

图1　建筑物防雷调查表

6 结论

目前大多数国家、省、市级重点文物保护单位的古建筑内部增设了消防、报警、监视系统等。这些弱电系统大大增加了古建筑设施遭受雷击的概率。随着科技发展，古建筑内部防雷也显得非常重要。

现代防雷技术强调的是全方位防护，综合治理、层层设防。文物古建筑是国家重要和珍贵的文化遗产，具有不可复原性，古建筑的防雷安全工作并非小事。因此，避雷设施建设应是文物保护的基本项目。

目前，我国大部分古建筑未得到有效的防雷保护或防雷装置设施不完善，亟待在全社会加强古建筑的防雷保护意识，制定和完善古建筑的防雷措施，以使珍贵的古代建筑遗存免遭雷击毁坏。

参考文献

[1] 王德言，李雪佩，刘寿光. 建筑物电子信息系统防雷技术规范 [M]. 北京：中国建筑工业出版社，2012.

[2] 肖稳安，张小青. 雷电与防护技术基础 [M]. 北京：气象出版社，2006.

[3] 林维勇，黄友根，焦兴学. 建筑物防雷设计范 [M]. 北京：中国计划出版社，2011.

雷电灾害对烟台市的影响及防御措施

董　冰
（烟台市气象局，烟台　264003）

【摘要】雷电灾害作为自然界中影响人类活动最主要的灾害之一，已经被联合国列为“最严重的十种自然灾害之一”。雷电灾害的损失包括直接的人员伤亡和经济损失以及由此带来的衍生经济损失和不良社会影响。

【关键词】灾害；影响；防护

现代社会的发展突飞猛进，随着经济和现代高科技的发展，尤其是微电子技术的高速发展，雷电灾害越来越频繁、越来越严重，本文分析了雷电灾害对烟台市的影响并提出了防御措施。

1　雷击的形成

由于天空中云层的相互高速运动、空气流动的剧烈摩擦，使高端云层和低端云层带上相反电荷；此时，低端云层在其下面的大地上也感应出大量的异种电荷，形成一个极大的电容，当场强达到一定强度时，就会产生对地放电，这就是雷电现象。这种迅猛的放电过程会产生强烈的闪电并伴随巨大的声音。云层对大地的放电，对建筑物、电子电气设备和人、畜危害极大。

雷击通常有三种主要形式：其一是带电的云层与大地上某一点之间发生迅猛的放电现象，叫作“直击雷”。其二是带电云层由于静电感应作用，使地面某一范围带上异种电荷。当直击雷发生以后，云层带电迅速消失，而地面某些范围由于散流电阻大，以致出现局部高电压，或者由于直击雷放电过程中强大的脉冲电流对周围的导线或金属物产生电磁感应发生高电压以致发生闪击的现象，叫作“二次雷”或称“感应雷”。其三是球形雷，即球状闪电。

2 雷电灾害形成的原因

2.1 气候对雷电灾害的影响

烟台属温带季风气候，是中国少数几个北面临海的城市，台风、暴雨、暴雪、雷暴等气象灾害频繁，其中雷电灾害是主要气象灾害之一。

2.2 地形起伏对雷电灾害的影响

暖湿气流受到山地的抬升作用，容易导致对流不稳定，有利于雷暴云的形成，海拔高的地区比海拔低的地区更容易遭受雷电的侵袭。

从烟台雷电易发区划图可以看出，雷电易发区位于烟台的西部和西南部。

2.3 承灾体的易损性

从灾害学的角度看，承灾体的易损性指可能受到雷电灾害威胁的所有人员、物体和财产的伤害或损失程度，一个地区的人口和财产越集中，易损性越高，雷电灾害风险就越大，可能遭受的潜在损失也越大。

3 雷电灾害对社会的影响

雷电灾害的严重性首先表现在它具有巨大的破坏性上，它的产生是目前人类无法控制和阻止的，其特点是雷电放电电压高，电流幅值大，变化快，放电时间短，电流波形陡度大。雷电的破坏作用在于强大的电流、炙热的高温、猛烈的冲击波、剧变的电磁场、一级强烈的电磁辐射等物理效应，给人类社会带来极大的危害。雷电灾害的严重性更表现在雷电通过多种渠道侵害地面物体。除直击雷击外，还有雷云的静电感应作用；闪电放电时产生的强烈电磁脉冲；雷电反击一级雷电过电压波可能沿各种架空线、无线电天线、天线馈线、电缆外皮和金属管线等传入仪器设备，酿成祸患。

3.1 雷电灾害与信息安全

信息技术在现代社会中发挥着越来越重要的作用。信息技术的核心是微电子技术、通信技术、计算机技术和网络技术。随着电子技术的高速发展，各行各业对计算机系统的依赖程度越来越高，大量有关国家安全、国防军工、国民经济建设的重要数据信息集中于计算机系统，计算机系统已经成为信息资源的重要载体和储存库，但是，雷电电磁辐射干扰对计算机系统的稳定性、可靠性和安全性有着直接影响，发生的雷灾事故不胜枚举。

3.2 雷电灾害与交通安全

雷电对交通运输安全构成严重威胁，全球每年因雷击而造成的与航空、铁路、高速公路等运输安全有关的事故屡见不鲜。雷电可以直击交通工具产生直接破坏，这对飞机的影响最为严重，仅美国每年平均就有55架次的各类飞机遭雷击中。铁路、高速公路的特点是面广、线长，既有强电设备，又有大量的监控、通信、传感等弱电设备，外场设备遍布全路段，旷野区域往往有突出的设备点，电力线路往往要翻山越岭，传输和控制线路经常穿越复杂的地质层面，这些都是易遭雷击或雷电感应的薄弱点。

3.3 雷电灾害与生产安全

雷电灾害与生产安全。雷电对我国许多部门的安全生产有严重威胁。我国大部分地区属雷电多发区，雷电既是威胁一些高科技领域的重要灾害，也是对化工、石油、矿山开采、高层建筑、加油站、森林等易燃易爆场所的安全生产造成威胁的主要因素之一。大兴安岭北部林区几乎每年都有由雷电引发的森林火灾，给生态环境和经济发展造成重大损失。

3.4 雷电灾害与其他安全

航天发射中，雷电除能对航天飞行器、发射塔等造成直接破坏外，还可引爆火箭的点火装置，使火箭自行升空，或使发射过程中的火箭爆炸。军事行动中，雷电对信息时代的军事行动和电子装备，如雷达、电台、导弹、飞机等都有严重的破坏和干扰作用，因此对现代战争有重要影响。

4 烟台雷电易发区划

莱州、招远南部、栖霞西南部和莱阳西北部为雷电极高易发区；芝罘和开发区北部沿海以及长岛属于雷电一般易发区；其他地区介于两者之间。

5 雷电灾害防护及应对措施

（1）安全意识。加强雷电防灾意识的宣传和救灾知识的普及。

（2）雷电易发区划分。建立更科学严谨的监测预警系统，提高准确率和服务能力。

（3）灾情监控。使灾情信息公布更透明。

（4）风险评估。使建立并落实雷击灾害风险评估机制。

（5）统一防雷装置和产品检测质量监管技术标准。

（6）完善资质评审机制和保险制度。

（7）市场监管。开放和规范防雷服务市场。

烟台市霜冻灾害的成因及危害

李 君　王 巍　潘 玮　黄显婷
（烟台市福山区气象局，福山　265500）

【摘要】近年来，在全球气候变暖背景下，霜冻灾害对烟台市的农业和果业造成了不小的经济损失。本文从成因和危害两方面对烟台市的霜冻灾害进行了剖析，以期为今后烟台市霜冻灾害防御技术的研发提供新思路。总结文献发现，霜冻尤其是春季霜冻对烟台果业的潜在危害较大，相关部门应提高对霜冻尤其是春季霜冻的关注度，进而提供更具有针对性的预报和服务。

【关键词】烟台市；霜冻；灾害；成因；危害

近年来，受气候变暖影响，我国各类气象灾害事件频发，常给农业、生态环境等方面造成严重的不利影响。烟台市近年来遭受的气象灾害种类和数量也在不断增加，研究认为[1]，在各类气象灾害中，由寒潮和初春冷空气入侵带来的霜冻灾害虽然在烟台市发生频率不算最高，但其造成的受灾人口比例较高，在烟台市造成的经济损失也远高于全国平均水平。若能了解烟台市霜冻灾害产生的条件以及其可能产生的影响，对提高霜冻灾害预报的关注度以及提供更精准的霜冻灾害预报服务均有积极意义。

1 霜冻的成因

霜冻是指在植物生长季内，由于植物表面及近地层温度和土壤温度骤然下降到0℃或低于0℃，使农作物受到损害甚至死亡的一种农业气象灾害。霜冻的产生受环境条件及作物自身条件等多种因素的共同影响。

1.1 环境条件

环境条件主要包括天气、地形及土壤等因素。根据霜冻形成的天气条件，把霜冻分为平流霜冻、辐射霜冻和平流辐射霜冻（亦称“混合霜冻”）三种类型。平流霜冻指在北方的早春和晚秋季节，由于大规模的冷空气自北方侵入，所经之处很快降温，致使农作物遭受危害；辐射霜冻是指在晴朗无风的夜晚，地面因大气保温作用减弱、辐射作用增强而出现的散热低温；平流辐射霜冻指受北方强冷空气的影响而导致气温急剧下降，与此同时，晴朗无风的夜晚，地面辐射作用增强，导致热量散失，造成双重气温下降。总的来说，骤然降温、极端气温过低、低温持续时间长、温差变化大、气温回升过快等均是产生霜冻的主要天气条件。[2]

霜冻的形成受地形和土壤的影响也较大。一般在冷空气容易积聚的低洼地段和受冻后气温回升快的地段会比较容易发生霜冻。这是因为，冷空气趋于下沉，山地、丘陵及低洼谷地地形有利于冷空气积聚。[3]冷空气积聚后，会与周围环境进行热量交换，同时由于山地、丘陵及低洼谷地气流交换较弱，导致山地、丘陵及低洼谷地极易发生严重的霜冻灾害。不同性质的土壤条件对霜冻的形成也会产生一定的影响，干燥疏松的土壤比潮湿严实的土壤更易发生辐射霜冻。这是因为，干燥疏松土壤的热容量和导热率小，夜间土壤温度易骤然冷却。[4]

烟台北邻渤海、黄海，南下的冷空气经过海面长驱直入，经常带来寒潮大风灾害，而烟台多低山丘陵，山丘起伏和缓，沟壑纵横交错，均是利于霜冻形成的天气和地形条件。[5]有研究发现，烟台的霜冻日数具有内陆多于沿海、北部沿海多于南部沿海、洼地多于山地的特点。[6]

1.2 作物自身条件

作物自身条件主要包括作物的种类、品种及作物所处的发育期等。不同作物对霜冻的承受能力存在很大差异，喜温作物对霜冻的承受力一般较弱，耐寒作物对霜冻的承受力一般较强。同种作物不同品种对霜冻的承受能力也有较大差异，比如耐寒能力强的品种对霜冻的耐受力更强。同一品种作物在不同发育期对温度的敏感度不同，对霜冻的耐受力表现也不同，大部分农作物在苗期抗冻能力较强，在开花期与生殖生长过程中抗冻能力较弱。烟台的气候和低山丘陵地形非常适宜樱桃、苹果等的种植，果业发达。一般4月中旬至5月上旬为烟台霜冻的多发期[7]，此时主要果树陆续进入开花期、小麦基本进入拔节期，作物的抗冻能力下降，若发生霜冻则会造成不小的损失。

2 霜冻的危害

霜冻对农作物和果树的损伤主要是由于当温度降到0℃以下时，细胞液开始结冰，若温度继续下降，细胞自由水也将随之结冰，从而导致细胞收缩，细胞水向细胞间隙渗透，细胞液浓度增大，进而导致原生质脱水凝固，使细胞失去活力，最终造成植物损伤；若温度很低，也会直接使细胞内的原生质结冰并受到破坏，使细胞失去活力，造成植物损伤。[8,9]在这一过程中，若气温骤降幅度较小，水分流失较少，那么作物或果树还有一定的自我恢复能力，可以自我修复或者通过一些良好的灾后管理措施来减轻霜冻造成的影响。但如果霜冻范围很大，气温变化幅度也很大，那么其对作物和果树的损害将是不可修复的。[10]

霜冻对烟台的农作物及果树生产造成的经济损失远高于全国平均水平，其中尤以春季霜冻造成的损失最大。[11]这主要是因为，春季霜冻的多发期与烟台地区果树的开花期较为一致，春季霜冻一般发生在凌晨，与其他灾害相比更具隐蔽性，而果树在生殖生长阶段遭受霜冻后，即使后期天气条件转好，果树长势也很难恢复，最终会对产量造成较大的影响，对果农造成巨大的经济损失。

3 未来需要关注的问题

全球变暖背景下，气温增加幅度存在明显的昼夜和季节非对称性，即夜间增温幅度大于白天，冬季增温幅度大于夏季。[12,13]在此环境背景下，一方面，区域性生长季霜冻发生的概率在显著升高[14]；另一方面，果树的花期和大田作物的生长发育均会提前[15]。综上，未来霜冻的发生可能对农业和果业造成更加严重的经济损失。因此，在未来的工作中，相关部门应当提高对霜冻尤其是春季霜冻的关注度，提供更具有针对性的预报及服务，并努力开发和应用更加环保、有效的防御措施。

参考文献

[1] 姜俊玲，王楠喻．2008—2017年烟台气象灾害特征及影响分析［J］．地球科学前沿，2018，8（7）：1142-1148．

[2] 张士文．北方果树花期冻害的预防措施［J］．河北农业，2019（11）：41-43．

[3] 赵丽，魏靖宇，孟万忠．1985—2012年山东霜冻低温灾害与粮食生产格局时空研究［J］．农业灾害研究，2019，9（2）：32-35．

[4] 肖金香，穆彪，胡飞．农业气象学［M］．北京：高等教育出版社，2009．

[5] 周淑玲，李宏江，吴增茂，等．山东半岛冬季冷流暴雪的气候特征及其成因征兆［J］．自然灾害学报，2011，20（3）：91-98．

[6] 宫国钦，衣淑玉，宫美英，等．烟台市果树花期霜冻的危害及防御［J］．烟台果树，2008（2）：1-2．

[7] 张建光，张江红，李英丽．我国北方梨树花期霜冻发生特点与防控［J］．果树学报，2018，35（S1）：31-38．

[8] 王强. 茶树冻害原理和防治技术方法 [J]. 茶世界, 2011（3）: 69-71.

[9] 白岗栓, 杜社妮, 李明霞, 等. 防雹网对果园立地环境及苹果生长的影响 [J]. 农业工程学报, 2010, 26（3）: 255-261.

[10] 秦国杰, 牛艳. 果树花期晚霜冻特征分析及防御措施 [J]. 农业与技术, 2019, 39（21）: 159-160.

[11] 王业宏, 高慧君, 张璇. 山东省霜冻的气候变化特征分析 [J]. 安徽农业科学, 2011, 39（15）: 9062-9063, 9076.

[12] 丁一汇, 任国玉, 石广玉, 等. 气候变化国家评估报告（Ⅰ）: 中国气候变化的历史和未来趋势 [J]. 气候变化研究进展, 2006, 2（1）: 1-5.

[13] 刘昌波, 纪潇潇, 许吟隆, 等. SRES A1B情景下中国区域21世纪最高、最低气温及日较差变化的模拟分析 [J]. 气候与环境研究, 2015, 20（1）: 89-96.

[14] Augspurger C K. Reconstructing Patterns of Temperature, Phenology, and Frost Damage over 124 Years: Spring Damage Risk is Increasing [J]. Ecology, 2013, 94（1）: 41-50.

[15] 钱莉, 杨鑫, 滕杰. 河西走廊东部一次霜冻天气过程成因及其对农业的影响 [J]. 沙漠与绿洲气象, 2019, 13（5）: 114-121.

烟台市牟平区2015—2019年低能见度天气分析

秦　璐
（烟台市牟平区气象局，牟平　264100）

【摘要】本文利用2015—2019年共5年的地面常规气象观测资料，分析了牟平区小于1 km的低能见度天气的气候变化特征及出现低能见度天气的气象条件，研究了牟平区小于1 km低能见度天气的年、季、月变化特征及其危害程度是否达到预警发布标准。

【关键词】低能见度；气候特征；预警发布

能见度是反映大气透明度的一个指标，指视力正常的人在当时天气条件下，从天空背景中看到和辨认出目标物（黑色，大小适度）轮廓的最大水平距离，单位为千米（km）。而低能见度则是指水平视程小于1 km的能见度。

牟平区位于山东半岛东北部，隶属于山东省烟台市。牟平区作为烟台、威海两市之间的交通枢纽，位置优势明显，其毗邻渤海，属暖温带东亚季风气候，冬无严寒，夏无酷暑，季节性降水明显，水汽较为充足，一年中低能见度天气出现频繁。因此，低能见度天气已成为牟平区的灾害性天气之一。低能见度天气影响交通运输的正常进行，是诱发重大交通事故的主要气象条件，具有极大的危险性，给人们的工作、生活带来极大的安全隐患。故此，分析研究低能见度天气的变化特征，对进一步做好对低能见度天气的预报预警、减少事故发生、保障人民生活安全具有重要意义。

1　资料来源

牟平区2015—2019年大气能见度、地面风及相对湿度的地面常规观测资料。

2　低能见度天气的气候特征

2.1　低能见度天气出现次数的年际变化特征

2015—2019年牟平区出现低能见度天气共123次。图1为5年间牟平区低能见度天气出现次数的年际变化。由图1能够看出，5年间低能见度天气出现次数高低起伏，有两个明显峰值，2015年出现第一次峰值（32次），第二次峰值出现在2018年（33次），明显峰谷出现在2017年（16次）。5年平均达到21.6次，总的来看，近年来，由于空气污染加剧，大气中含有丰富的凝结核，牟平区低能见度天气出现较为频繁。

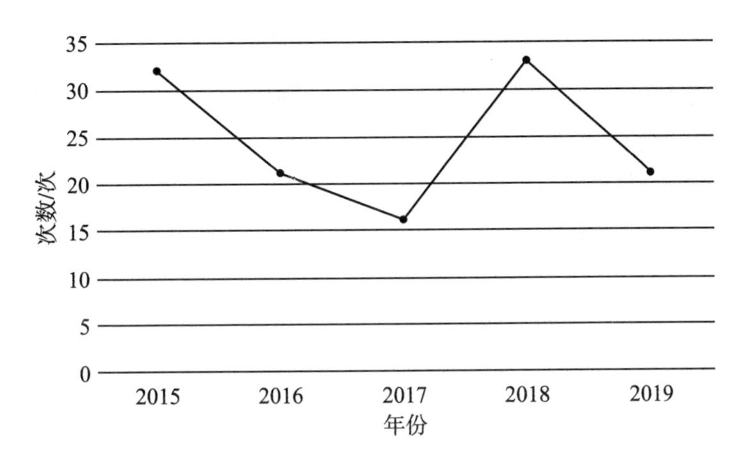

图1　2015—2019年牟平区低能见度天气出现次数的年际变化特征

2.2　低能见度天气现象分类

2015—2019年牟平区低能见度天气伴随着降水时段出现的共50次。低能见度天气出现时无降水类天气现象的共73次。下面将两种不同的低能见度天气现象分开研究。

2.2.1　伴随降水出现的低能见度天气分析

低能见度天气对应的降水时段分别为降水过程前出现、降水过程中出现、降水后出现，所占比例分别为2%、90%、8%（图2）。可知，大部分低能见度与降水同时出现，是由降水天气现象引起的低能见度；少部分为低能见度在降水时段后出现的辐射雾。

2.2.2　非降水引起的低能见度天气分析

2.2.2.1　低能见度天气出现次数的季变化特征

图3为2015—2019年低能见度天气现象的季节分布饼状图。按照季节进行统计，低能见度天气一年四季均有出现。其中，出现在春季（3—5月）的低能见度日占全年低能见度日的38%（28次）；出现在夏季（6—8月）的占25%（18次）、冬季（12月至翌年2月）的低能见度天气次数占22%（16次），都较为频繁，秋季（9至1月）最少，占15%（11次）。由此可知，牟平区近四成低能见度天气出现在春季，且夏、冬、秋三季分布较为均匀。

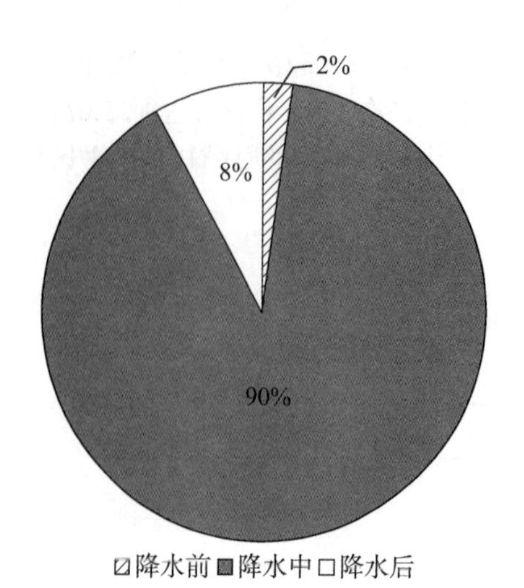

图2 2015—2019年伴随降水出现的低能见度天气对应降水出现时段

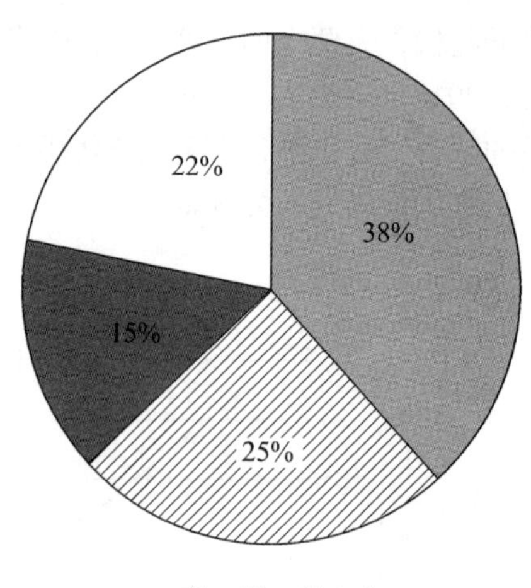

图3 2015—2019年牟平区非降水引起低能见度天气的季节变化情况

2.2.2.2 低能见度天气出现次数的月变化特征

牟平区各月均可出现低能见度天气（图4）。4月出现次数最多，为11次；其次为3月，出现10次；5、6月略有下降；紧接着7月迎来第二个峰值（9次）。9月出现最少，仅有2次。10月至次年2月发生频次较为平稳。

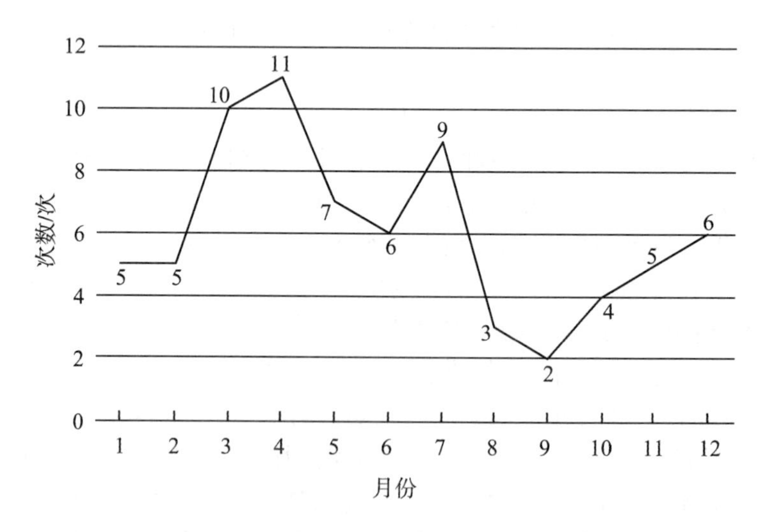

图4 2015—2019年牟平区非降水引起的低能见度天气月变化情况

2.3 低能见度达到预警发布标准分析

大雾预警设3个警戒级别，分别为黄、橙、红3种颜色，对应Ⅲ级（较重）、Ⅱ级（严重）、Ⅰ级（特别严重）发布。其中，黄色预警信号为低警戒级别，橙、红色预警信号为高警戒级别。大雾黄色预警信号的发布标准为：12 h内出现能见度小于500 m的雾，或者已经出现能见度小于500 m、大于200 m的雾并持续。大雾橙色预警信号的发布标准为：6 h内出现能见度小于200 m的雾，或者已经出现能见度小于200 m、大于50 m的雾并持续。大雾红色预警信号的发布标准为：2 h内出现能见度小于50 m的雾，或者已经出现能见度小于50 m的雾并持续。故此，以出现低能见度过程中200 m≤最小能见度＜500 m、50 m≤最小能见度＜200 m、最小能见度＜50 m作为达到黄、橙、红色预警标准进行分析。

因伴随降水出现的低能见度天气一般不进行大雾预警的发布，故下面分析仅对非降水引起的低能见度天气现象展开。

由图5可知，2015—2019年牟平区低能见度天气过程达到预警发布标准的占85%，其中达到大雾黄色预警发布标准的占29%，达到橙色预警发布标准的占52%，达到红色预警发布标准的占5%。可见，橙色预警为牟平区的低能见度天气现象出现时最容易达到的预警级别。

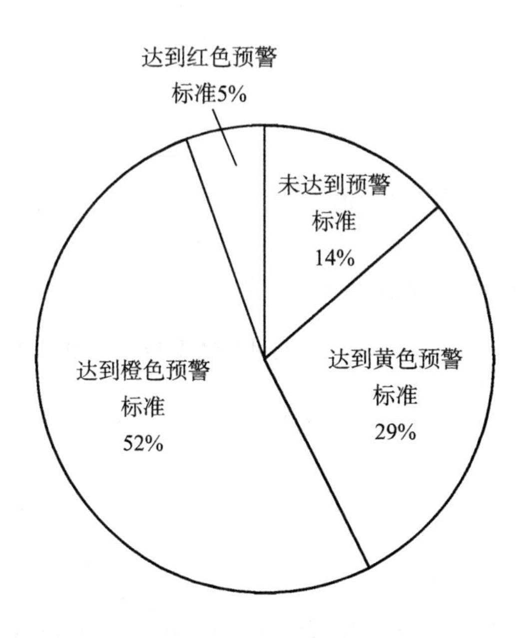

图5　2015—2019年牟平区低能见度天气过程达到预警发布标准情况

2.4 低能见度影响要素的气候条件特征

2.4.1 相对湿度

由表1结果可知，低能见度多出现于相对湿度大的情况下，其相对湿度在86%～95%时出现最多，空气湿度增大容易吸附空气中的悬浮颗粒形成雾，因此影响大气透明度，使能见度降低，所以，低能见度的形成与相对湿度关系密切。

表1 2015—2019年低能见度日相对湿度出现频率

相对湿度/%	0～50	51～75	76～85	86～95	96～100
出现频率/%	0	14	39	43	4

2.4.2 地面风

低能见度时地面风的统计结果表明（表2），低能见度天气在风速小于5 m·s^{-1}时出现频率高，因风速较小时，近地面辐射降温很难，再加上高层空气流通，因此能维持较低温度，并在上层形成逆温层。还有少部分低能见度天气在风速大于5 m·s^{-1}时出现，是由于北部沿海的平流雾被风吹到陆地上形成的。

表2 2015—2019年低能见度时风速出现频率

风速/m·s^{-1}	≤2	3	4	5	>5
出现频率/%	30	27	19	11	12

从表3可以看出，低能见度时，东北风出现最多，西北风次之。除了静风外，偏北风有利于低能见度的产生。从表2和表3可见，牟平地区低能见度天气的生成与北部临海的地理位置与很大关系。

表3 2015—2019年低能见度时风向出现次数统计

风向	N	NE	NNE	NNW	NW	S	SSW	SW	C
次数	2	40	14	4	27	5	1	12	18

3 结论

（1）牟平区的低能见度天气有明显的年际、季际、月际变化。春季出现最多，秋季最少，一年四季均有出现。3、4月最多，9月出现最少。

（2）2015—2019年牟平区低能见度天气过程中的85%达到预警发布标准，

其中达到预警橙色发布标准的占52%。

（3）影响能见度的主要气象因素为空气湿度与地面风，综合条件为：相对湿度>86%、地面风<5 m·s^{-1}、风向为东北风或西北风。

参考文献

［1］卜庆雷，王琪珍，李莉，等．莱芜市低能见度的气候特征及气象影响因素［J］．江西农业学报，2009，21（3）：99-100．

［2］王淑英，徐晓峰．北京地区低能见度的气候特征及影响因素［J］．气象科技，2001（4）：23-26．

［3］宋长远．本溪地区低能见度的气候特征及影响因素［J］．气象与环境学报，2003（3）：33-34．

［4］王艳，陈利华，毛玉秀．鸡东县低能见度天气特征的初步分析［J］．吉林农业，2010（7）：140-141．

干旱灾害产生的气象原因分析

潘 玮
（烟台市福山区气象局，福山 265500）

【摘要】随着人类社会的经济发展和人口膨胀，水资源短缺现象日趋严重，全球范围内的重大干旱事件呈现不断增加的趋势，干旱化趋势已成为全球关注的问题。近年来，我国受到干旱影响的区域不断扩大，而且干旱的强度不断增强。本文对干旱形成的气象原因进行了研究，通过分析近年来我国降水和温度的时空分布特征以及大尺度环流系统，探讨气象因素在我国干旱灾害形成中的作用。

【关键词】干旱；降水；大尺度环流

干旱是对人类社会影响最大、造成损失最严重的气候灾害之一[1]，它具有发生频繁、持续时间长、影响地区广等特点。在全球气候变化和经济社会飞速发展的共同影响下，干旱的频繁发生和长时间持续已经成为全球最为严峻的气候问题之一，引起了国际社会的广泛重视。干旱灾害不但会给国民经济带来巨大损失，甚至会直接威胁到社会稳定，还会造成水资源短缺、荒漠化加剧、沙尘暴频发等诸多不利影响。[2]据联合国环境规划署统计，全球有大约35%的土地和20%的人口受到干旱灾害的影响，给农业生产带来的损失约260亿美元。[3]

干旱灾害产生的原因十分复杂，从其自身的发生发展来说，干旱是所有自然灾害中影响因素最为复杂、人类对其认识最少、监测和预警预测最为困难的自然灾害之一。[4]干旱灾害产生的根本原因归根到底是降水稀少，而各种不同的因素都会造成降水的缺乏，例如气候和地理条件的差异、生态系统类型的不同以及社会和经济活动的影响。本文将重点讨论干旱灾害产生的气候原因。

1 干旱灾害的成因

通常，我们断定某个地区某段时期是否发生干旱灾害，主要就是看该地区这段时期的降水量，因此降水明显偏少是导致干旱灾害的直接原因。[5]研究某个地区干旱的主要方法就是统计分析该地区的降水情况。近年来，气象学者在研究某地区的干旱事件时，一般先分析干旱事件发生时该区域降水的时空分布特征，然后和历史资料进行对比分析。[6]在全球气候变暖的大背景下，我国气候的长期变化特征为北方气候变暖趋势相较于南方的趋势更为明显；同时，全国降水量的减少主要表现在北方夏季干旱化趋势加强。研究表明，我国降水的长期变化特征大致是18世纪和19世纪降水偏多，20世纪以来降水偏少，呈现从较湿润时期向较干燥时期的转变。另一方面，受到海洋以及太阳活动的影响，中国的雨带存在周期性的运动，雨带有60年到80年的周期性南北运动。简单来讲就是，前30年主雨带在北方地区，那么后30年主雨带就可能移到南方地区。20世纪50年代至70年代，我国降水分布呈现北方多雨、长江流域少雨、华南多雨的形势。20世纪70年代至20世纪末，我国的降水形式转变为北方少雨、南方多雨，主雨带逐渐回落到华南和长江流域。自2000年开始，我国主雨带已经从华南和长江流域北移到淮河和黄河流域之间。目前，我国主雨带主要位于黄淮一带，“雨带北移”现象十分明显。[7]

1.1 降水

干旱化趋势的产生与降水量的减少密切相关，而气候变暖是这些地区干旱化趋势加剧的另一主要原因。杨素雨等[8]分析了2009年秋季云南的降水距平百分率和气温距平，探讨了2009年秋季云南降水和气温的时空分布特征，研究表明，2009年秋季降水是近50年以来秋季降水最少的一年，属于降水极端偏少，气温比历史同期偏高，其中大部分地区偏高1℃～2℃。可见，温度明显偏高也是导致干旱的一大气象原因。Dai等[9]利用1870—2002年Palmer指数对全球干旱面积进行了分析，发现20世纪70年代后期至21世纪，全球极端干旱面积较之前增加了一倍多，这种全球范围内干旱趋势的加剧主要是受到干旱化地区降水持续减少以及气温不断升高的影响。

1.2 大气环流

大气环流异常是造成天气气候异常的直接原因，是导致降水异常的直接因素，而区域性的气候异常往往是在大尺度环流异常背景下发生的。[10]西太平副热带高压和100 hPa的南亚高压对中低纬地区的降水有较大影响。同时，西风带环流影响冷空气向南输送的强度以及频率，进而影响冷空气南下过程中的降水。另外，有研究表明，南支槽中西风经过孟加拉湾地区之后会携带大量的水汽，与冷空气结合会造成大范围的雨雪天气，对我国降水有重要影响。[11]

1.3 山东干旱

干旱是山东最主要的自然灾害之一，尤其是近年来尤为突出。[12]2010—

2011 年秋冬季，山东出现了范围广、强度大、持续时间长的干旱天气，2010年9月下旬至2011年2月下旬山东10多个地市遭遇了60年一遇的严重干旱事件。[13]持续性严重干旱的产生，其影响因素很多，物理机制也极为复杂。我们重点分析海温持续异常以及中高纬度的大气环流形势异常对2010—2011年秋冬季山东降水异常的影响[14, 15]，进一步分析此次山东秋冬季特大干旱的气象成因。研究表明，山东秋冬季特大气象干旱与中等以上拉尼娜事件及极强的负北极涛动事件背景下的大气环流形势异常有很大关系。[13]在快速发展的拉尼娜背景下，北极涛动指数异常负位相偏强，冬季中高纬度长时间维持经向型特征，东亚冬季风偏强和低纬度西太平洋副热带高压长时间的偏东偏南偏弱等共同作用下，造成冷暖空气难以在华北黄淮汇合，成为这次干旱灾害的主要成因。

2 总结

全球化干旱问题日益严重，严重威胁着人类社会的稳定发展，已成为各国科学家和政府部门共同关注的热点。本文综述了干旱灾害产生的气象成因，主要探讨了降水、气温以及大尺度环流对干旱形成的影响，希望能为气象预报以及政府决策提供一定依据，减少干旱带来的经济损失。

参考文献

[1] Wood House C A，Overpeck J T．2000 Years of Drought Variability in the central United States [J]．1998，79：2693-2714．

[2] 林琳．近30年我国主要气象灾害影响特征分析 [D]．兰州：兰州大学，2013．

[3] 国家科委全国重大自然灾害综合研究组．中国重大自然灾害及减灾对策（分论）[M]．北京：科学出版社，1993．

[4] 王劲松，李耀辉，王润元，等．我国气象干旱研究进展评述 [J]．干旱气象，2012，30（4）：497-508．

[5] 杨素雨，张秀年，杞明辉，等．2009 年秋季云南降水极端偏少的显著异常气候特征分析 [J]．云南大学学报（自然科学版），2011，33（3）：317-324．

[6] 尹晗，李耀辉．我国西南干旱研究最新进展综述 [J]．干旱气象，2013，31（1）：182-193．

[7] 刘毅．丁一汇院士解析近期气候异常深层原因和降水格局转变高温袭南方 [N]．人民日报，2013-8-31（10）．

[8] 杨素雨，张秀年，杞明辉，等．2009年秋季云南降水极端偏少的显

著异常气候特征分析［J］．云南大学学报（自然科学版），2011，33（3）：317-324．

［9］Dai A G，Trenberth K E，Qian T T．A Global Data Set of Palmer Drought Severity Index for 1870—2002：Relationship With Soil Moisture and Effects of Surface Warming［J］．J Hydrometeor，2004，5：1117-1130．

［10］陆桂华，闫桂霞，吴志勇，等．近50年来中国干旱化特征分析［J］．水利水电技术，2010，41（3）：78-82．

［11］秦剑，琚建华，解明恩，等．低纬高原天气气候［M］．北京：气象出版社，1997．

［12］孙晓静．基于Monte Carlo的山东省典型地区春季干旱分析及预测研究［D］．长春：东北师范大学，2016．

［13］苑文华，王瑜，张慧．2010—2011年秋冬季山东特大气象干旱特征及成因分析［C］，2014．

［14］李崇银．华北地区汛期降水的一个分析研究［J］．气象学报，1992，50（1）：49-49．

［15］卫捷，张庆云，陶诗言．1999及2000年夏季华北严重干旱的物理成因分析［J］．大气科学，2004，35（6）：1009-1019．

1981—2010年招远雷暴天气特征分析

张　娟
（招远市气象局，招远　265400）

【摘要】为深入了解招远地区的雷暴气候特征，更好地做好雷电防灾减灾工作，本文利用1981—2010年的气象观测资料，借助数理统计、线性倾向分析、气候变化趋势、气候倾向率、保证率等诊断方法，分析了招远地区的雷暴气候统计特征，探讨了30年间ENSO强度、气压及气温与雷暴的相关性。结果表明，招远地区平均年雷暴日数为21.2 d，年际变化较大；年雷暴日数呈现波动中缓慢减少趋势，其变率为 $-1.34\ d\cdot10^{-1}a^{-1}$。季节变化明显，夏季最多，冬季无雷暴。雷暴主要发生在5—9月，约占全年的81.6%，7月雷暴日数最多。雷暴初日80%保证率出现在4月16日前后；雷暴终日80%保证率出现在11月12日前后。招远地区雷暴日数与ENSO强度、气温气压有很强的一致性和相关性。通过对雷暴特征及相关因子的分析，为预报和防御雷暴提供了一些重要参考，同时对指导防雷减灾救灾有重要意义。

【关键词】雷暴气候特征；气候趋势；保证率；ENSO强度

雷暴是自然界中的一种声、光、电现象，其发生与季节、地理、地形、地质和气候等众多因素有关。因其范围小、发展快、局地性强且伴有多种灾害性天气，联合国已把雷电灾害列为“最严重的十种自然灾害之一”。雷暴的发生发展对人们的日常生产活动和生活带来巨大影响，有时甚至会危害公共安全和人身安全。

近年来，随着社会经济发展和现代化水平的提高，人类对信息技术的依赖日趋增加，雷电对电子化社会造成的危害越来越严重，造成的经济损失及社会影响也越来越大。[1]因此，国务院、中国气象局及各级党委政府都高度重视雷电等强对流天气的预警预报工作。《国务院办公厅关于进一步加强气象灾害防御工作的意见》（国办发〔2007〕49号）要求“做好灾害性、关键性、转折性重大天气预报和趋势预测，重点加强台风、短历时强降水、雷电等强对流天气的短时临近预报”。《现代天气业务发展指导意见》（气发〔2010〕1号）提出发展短历时强降水、雷电等强对流天气的监测分析技术，发展强对流天气和台风等的临近预报技术，研发外推预报和数值预报产品释用相结合的预报技术，提高预警时效。因此，研究雷暴气候变化特征及相关因子，对雷暴强对流天气的预警预报工作有着十分重要的指导意义；同时对于防雷减灾的科学决策有十分重要的科学指导意义和实际应用价值。

1 研究方法

雷暴活动的强度标准习惯上使用“雷暴日”。雷暴日表征某一地区雷电活动的频繁程度。一天中只要听到一次以上的雷声就算一个雷暴日，只见闪电无雷声不计入其中。气象观测上以北京时间20时为日界，若某一次雷暴跨越北京时间20时，则按2个雷暴日计算。本文采用的是招远气象观测站1981—2010年的雷暴及其他气象观测资料。

根据世界气象组织（WMO）的规定，应取最近连续30年气象要素的平均值或统计值来代表研究区域的气候标准值，即每10年需对气候平均值更新一次。[2]本文选取招远大监站1981—2010年气象观测资料的年雷暴日数平均值作为气候标准值，采用数理统计、线性倾向分析、气候变化趋势、气候倾向率、保证率等气候诊断方法，分析招远地区雷暴日年际、季节和月际气候特征及其变化趋势，以揭示雷电的活动特征和活动规律。

2 气候统计特征

2.1 招远地区雷暴的年际变化特征

1981—2010年，招远地区共有雷暴日638个，雷暴日数年平均值为21.2个。若按照年平均雷暴日数的多少，即少雷区（<15 d）、中雷区（15～40 d）、多雷区（41～90 d）、强雷区（>90 d）四个标准划分雷区的话[3]，招远地区属于中雷区。年雷暴日数小于15 d的仅有4个年份，其余年份雷暴日数均多于15 d。这里雷暴日数的变化趋势利用一次线性倾向方法[4, 5]得到，图1中直线为招远地区30年线性趋势线，虚线则为5年滑动平均线。

从图1可以看出，招远地区雷暴日的年际变化较大。年雷暴日数最多的年份为1982年，高达37 d。1987年次之，雷暴日数为33 d。年雷暴日数最少的年份为1999年和2000年，雷暴日数仅为10 d。年雷暴日数最多时是年雷暴日数最少时的近4倍，说明招远地区雷暴日数年际差特别大。但对30年雷暴日数作5年滑动平均，发现其变化缓慢，波动较小。总体来看，这30年，年雷暴日数呈现出在波动中缓慢下降的趋势。经计算，雷暴的气候趋势系数r_{xy}小于零，说明招远地区年平均雷暴日数存在减小的趋势。1981—2010年的30年间，雷暴日数线性变化趋势函数为$y=-0.134x+23.349$，说明招远地区年雷暴日数正以$1.34\ d \cdot 10^{-1}a^{-1}$的线性趋势缓慢减少。这与山东省年雷暴日数呈波动下降的特点[6]相一致。

从图2可以看出，以招远地区1981—2010年雷暴日数的平均值作为气候标准值，把雷暴日距平百分率＞20%的年份作为多雷暴年， 把雷暴距平百分率＜−20%的年份作为少雷暴年，则有9年是多雷暴年，其中1982年和1987年距平百分率＞50%，为雷暴异常偏多年份；有7年是少雷暴年，其中雷暴距平百分率有2个年份小于−50%，分别为1999年和2000年，这两年为雷暴异常偏少年份。由距平变化可以发现，招远市雷暴年际变化十分明显，1995年之前以多雷暴年为主，而之后则以少雷暴年为主，特别是进入21世纪后年雷暴日数逐步减少的趋势更加明显。

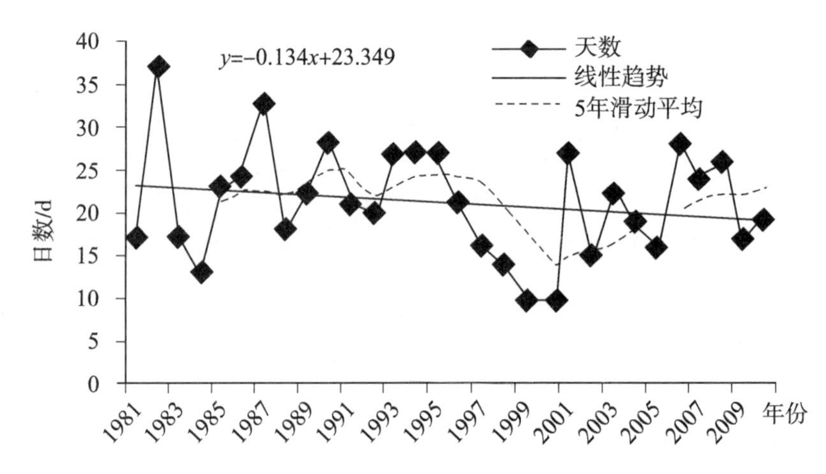

图1　1981—2010年招远雷暴日数年际分布图

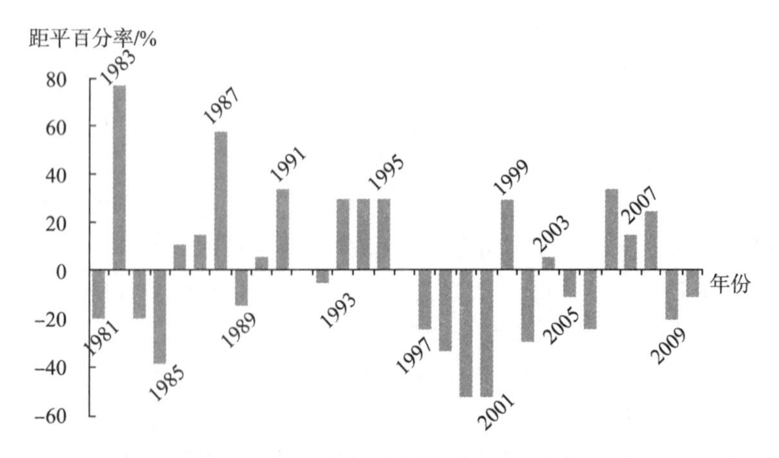

图2　1981—2010年招远雷暴日距平百分率变化

2.2 招远地区雷暴的季节和月变化特征

雷暴日数出现月、季变化主要是由于西太平洋副热带高压引起的。招远雷暴发生最频繁、最集中的时期一般在每年的夏季，夏季累计雷暴日为440 d，占总雷暴日数的69%。这与于怀征[7]等研究发现夏季的雷暴活动决定了全年雷暴活动的空间分布形态相吻合。春季累计雷暴日123 d，占雷暴总日数的19%；秋季累计雷暴日75 d，仅占雷暴总日数的12%。30年统计资料显示，1981—2000年冬季均无雷暴产生。由此可见，招远地区雷暴的季节变化特征非常明显。

由招远地区1981—2010年雷暴日数季节年际变化图（图3）可以看出，夏季和秋季雷暴日数总体表现为减少趋势，而春季总体表现为略增加的趋势。但各季变化幅度及变化显著性不同。夏季雷暴日数以1.1 d · $10^{-1}a^{-1}$的速率极显著减少，秋季雷暴日数以0.5 d · $10^{-1}a^{-1}$的速率减少，春季雷暴日数则以0.1 d · $10^{-1}a^{-1}$的速率增加。特别是在21世纪的最初几年，夏季和秋季雷暴日数有明显增多的趋势，2007—2008年春季雷暴日数也有异常增多的趋势，这可能与全球气候变暖和热对流加强有关，尚待进一步研究。

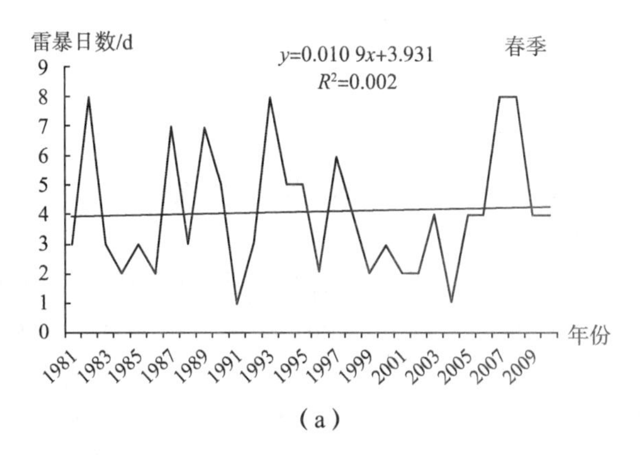

（a）

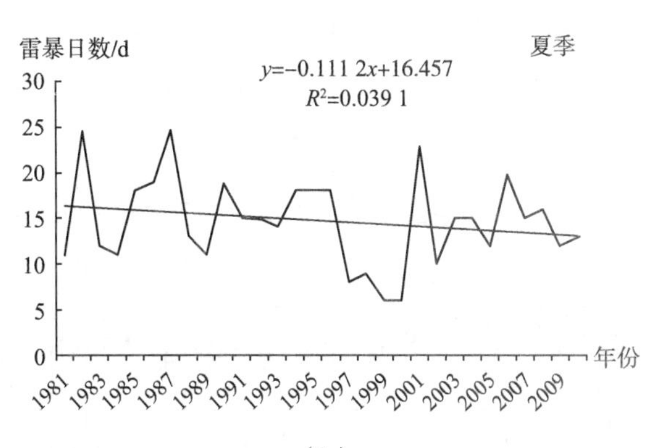

（b）

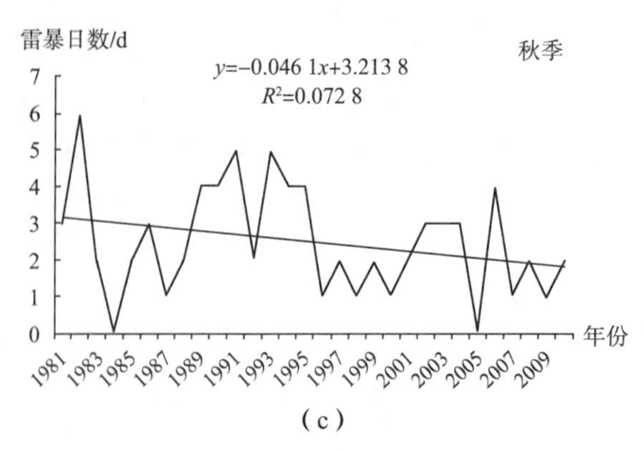

（c）

图3　1981—2010年雷暴日数季节的年际变化

对招远1981—2010年雷暴的月变化统计分析发现，首先，招远地区雷暴日数的年内分布呈单峰型。3—11月招远地区均有可能出现雷暴，而12月至次年2月均无雷暴出现。而其中又以5—9月为雷暴日出现集中期，占全年的81.6%。7月雷暴出现次数最多，占全年雷暴日的28.8%，1990年7月雷暴日数最多，为14个雷暴日。其次，招远雷暴日数由多到少排列为8月、6月、5月和9月。

2.3　招远地区雷暴的初、终日变化

从气候方面看，雷暴的初、终日是重要的气候指数。雷暴初、终日保证率在应用价值方面有很显著的意义。本文运用经验频率公式[8] $P_m = m / (n+1) \times 100\%$ 来计算雷暴初日及终日保证率。

表1为不同日期的雷暴发生概率查询提供了详细的依据。1981—2010年，招远地区雷暴初日80%保证率出现在4月26日前后，说明4月下旬后雷暴出现的可能性非常大；雷暴终日80%保证率出现在11月12日前后，雷暴终日出现较晚。5%的保证率终日日期在9月中旬，说明9月中旬雷暴结束的可能性甚小，这一阶段仍要特别注意雷暴灾害的发生；90%的保证率终日在11月下旬，说明11月之后雷暴出现的可能性非常小。通过分析1981—2010年招远地区雷暴初日和终日的长期线性变化趋势可以发现，初、终日的变化趋势不大，初日的气候倾向率为负值，终日的气候倾向率为正值，即初日有提前的趋势，终日有延后的倾向。

表1　1981—2010年招远地区不同保证率下的雷暴初、终日

初、终日	90%	80%	70%	60%	50%	40%	30%	20%	10%	5%
初日	4月29日	4月26日	4月23日	4月20日	4月17日	4月12日	4月5日	3月17日	3月10日	3月3日
终日	11月27日	11月12日	10月17日	10月13日	10月7日	10月3日	10月1日	9月26日	9月22日	9月15日

3 相关要素分析

3.1 雷暴日数年际变化与ENSO事件的相关性

ENSO是气候系统中最强的年际气候信号，对全球的天气和气候有很大的影响。ENSO活动的发生伴随着大规模大气环流的变化和异常。参考中国气象局国家气候中心的标准，以NINO区的海温距平指数作为判定ENSO事件的依据[9]，并根据海温距平值的高低，按照李晓燕等[10]对ENSO事件强弱程度的划分标准将厄尔尼诺和拉尼娜事件各分为3级，即厄尔尼诺事件分为极强、强（3），中等（2），弱、极弱（1）3个不同等级；拉尼娜事件按极强、强（-3），中等（-2），弱、极弱（-1）分为3个等级；正常年份，表示为0。

由招远地区年雷暴日距平和ENSO事件强度的两年滑动平均曲线图（图4）可以发现，两者之间有很好的对应关系，特别是2002年以前，其变化趋势基本一致。在厄尔尼诺事件年，雷暴明显偏多；而在拉尼娜事件年，雷暴则明显偏少。雷暴异常偏多的1982年和1987年厄尔尼诺事件强度都达到最大等级；雷暴异常偏少的年份（1984年、1998年、1999年和2000年）都是拉尼娜事件发生年。这与Price等[11]分析发现在温暖气候条件下全球闪电活动将明显增加，而在较冷的气候条件下闪电活动将减少的结论相一致。这可能是由于ENSO爆发年的夏季，热带西太平洋地区的海温异常，通过其产生的定常波列的传播会影响西太平洋以及东亚大陆上空500 hPa位势高度， 西太平洋副高强度偏弱，位置偏东和偏南，引起北半球大气环流异常，从而导致某些地区的某些气象要素的异常响应。

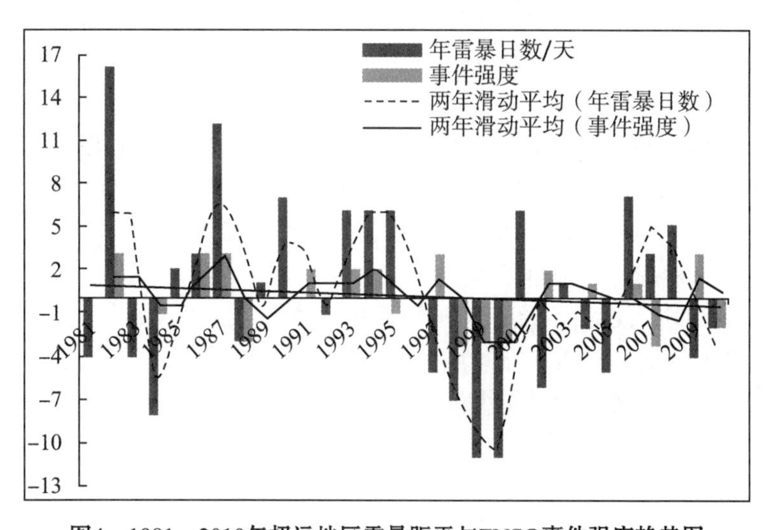

图4　1981—2010年招远地区雷暴距平与ENSO事件强度趋势图

3.2 雷暴日数月变化与温、压的关系

发生雷暴时，通常伴随着温度、气压等气象要素的变化。Price等[11]分析发现，在温暖气候条件下，全球闪电活动增加30%；而在较冷的气候条件下，全球闪电活动将减少24%。由此可见，温度和雷暴日数存在很大的相关性。通过对1981—2010年招远地区的月平均雷暴日数和月平均温度的统计分析可以发现，两者的变化趋势呈现较一致的单峰型分布。3月开始呈现急剧增长趋势，到7月达到峰值，8月之后开始下降。由Pearson相关系数公式可以得出，月平均雷暴日数和月平均温度的相关系数r为87.4，两者存在明显的正相关。

由月平均雷暴日数和月平均气压曲线图可以发现，两者也呈现单峰型分布，但呈现负相关的关系。7月，雷暴日数达到极大值，而气压达到极小值。1月开始，气压急剧减小，到7月达到最低。8月开始，气压急剧增加，到12月达到最高。雷暴却是在3月开始急剧增加，到7月达到最大值，然后急剧减少，12月减少到0。经计算，其Pearson相关系数r为−93.0，所以月平均雷暴日数和月平均气温之间存在非常强的负相关性。

4 结论

（1）招远地区雷暴日的年际变化较大，随着年代的增加，总体表现为在波动中缓慢减少的趋势，平均每10年雷暴日数减少1.34 d。年雷暴日最多的年份出现在1982年，高达37 d。年雷暴日最少的年份出现在1999年和2000年，雷暴日仅为10 d。以1995年为界，1995年前以多雷暴年为主，之后则以少雷暴年为主。21世纪后年雷暴日数减少的趋势变得非常明显。

（2）受西太平洋副热带高压影响，招远地区雷暴天气的季节变化特征非常明显，夏季最多，占全年的69%，其他季节发生雷暴的概率很低，30年间冬季的12月、1月和2月均无雷暴发生。虽然雷暴主要集中在4—10月，但以7月为最多，占全年雷暴日的28.8%。

（3）近30年来，招远地区雷暴初日80%保证率下出现在4月26日前后，有提前的趋势；雷暴终日80%保证率下出现在11月12日前后，有延后的趋势。

（4）1981—2010年，招远地区年雷暴日距平和ENSO事件强度两者之间有很好的对应关系，其变化趋势基本一致。

（5）招远地区近30年月平均雷暴日数和月平均温度及月平均气压变化规律非常一致，气温、气压与雷暴具有较高的相关性，表明雷暴特征在应对全球气候变化中具有一定的指示作用。

参考文献

[1] 郑国光. 新时期我国防雷减灾工作的形势和任务之研究[J]. 江西

气象科技，2001，24（2）：56-59.

［2］雷向杰，黄祖英，田武文，等．两个30年气候平均值的差异及其对气候业务的影响［J］．气象科技，2005，33（2）：124-127.

［3］温亚丽，任崇，韦馨丰，等．湛江地区38年雷暴气候的统计特征分析［J］．科技信息，2008（12）：611.

［4］Jones P D．Hemispheric Surface Air Temperature Variations：Recent Trend and an Update to 1978［J］．Journal of Climate，1988，1：654-660.

［5］杨金虎，江志红，杨启国，等．中国西北近41年来年中雨及以上级别降水次数的时空分布特征［J］．地球科学进展，2005，20：138-145.

［6］于怀征．山东省雷电活动特征研究及雷电灾害评价［D］．兰州：兰州大学，2009.

［7］于怀征，赵玉洁，张文琴，等．山东省雷电活动的时空变化特征［J］．山东气象，2009，4：31-34.

［8］景元书，申双和，李明．江苏省雷暴气候特征分析［J］．灾害学，2000，15（1）：28-31.

［9］李晓燕，翟盘茂．ENSO事件指数与指标研究［J］．气象学报，2005，58（1）：102-109.

［10］李晓燕，翟盘茂，任福民．气候标准值改变对ENSO事件划分的影响［J］．热带气象学报，2005，21（1）：72-78.

［11］Price C，Asfur M．Global Lightning and Climate Variability［C］．Proceedings on International Conference on Atmospheric Electricity，2003.

浅析蓬莱主要气象灾害种类及防御方法

李悦斌

（蓬莱气象局*，蓬莱　265600）

【摘要】本文简要分析了蓬莱主要气象灾害的种类、发生特征及其对农业生产的危害和影响，提出相应的防御方法，用以减少气象灾害的损失。

【关键词】气象灾害；防灾减灾；农业

蓬莱位于胶东半岛北部突出部分，地处渤海、黄海之滨，其地势南高北低，属山前冲洪积、丘陵剥蚀平地为主的地带，平均海拔高度为15～25 m。蓬莱地处中纬度，属暖温带大陆季风气候区，年平均气温为12.5℃，极端最高气温为41.8℃，极端最低气温为−15.1℃，年平均降水量为607.9 mm，年平均日照量为2 759.8 h，无霜期平均为212.2 d，一日最大降水量为263.3 mm，最大冻土深度为46 cm，降水日数为81.7 d，大风日数为21.9 d，雷暴日数为22.2 d，无洪水，较少受到台风影响。丰富的农林牧渔资源给蓬莱带来了丰厚的收益，同时丰富的气候资源也使其极易受到气象灾害的影响。影响蓬莱的气象灾害主要有干旱、暴雨、冰雹、大风、低温冻害、连阴雨等。本文主要分析蓬莱主要的气象灾害发生特征及其对农业生产造成的影响及危害，并结合本地情况提出对应的防灾减灾方法，用以阻止气象灾害造成的减产减收。

1　蓬莱主要气象灾害及其危害

1.1　干旱

蓬莱较容易发生干旱，主要有春旱、伏旱和秋旱。降水季节多集中在夏季，春季多大风干燥天气，降水较少，不利于冬小麦返青，春季少雨会导致土壤墒情较差，冬小麦生长受阻，严重时会影响产量。小麦生长后期若遇春旱，

* 截至目前，仍沿用“蓬莱气象局”这一名称，下同。

会导致小麦提前成熟，出现瘪籽，严重时影响当年小麦产量。春旱同时会推迟春耕，缩短春耕作物生长周期，影响干物质积累，造成作物质次减产。如夏玉米受春旱影响，播种延后，出苗情况较差，减产减收。伏旱多发于6—8月，此时正是玉米拔节期，较长时间无有效降水，会造成农作物缺水发黄，若无法及时灌溉，则作物会停止生长，并大面积枯萎死亡，减产绝产。若抽穗期遇到持续干旱，则容易出现焦花等，造成大幅减产。秋季农作物灌浆成熟阶段对水分需求不大，但是若墒情太差，也会造成农作物枯死，造成减产。

1.2 暴雨

蓬莱雨热同季，降水主要在汛期6—9月，7月下旬8月上旬尤甚，极可能出现暴雨天气，引起洪涝灾害，造成果业大面积减产、果树大面积死亡，严重时甚至会诱发泥石流、山体滑坡等地质灾害，造成严重的人身和财产损失。7月和8月正值果树等经济作物生长关键时期，受到连续暴雨影响，地势较低区域会形成积涝，造成作物减产绝收。

汛期伴随台风影响，会出现强降水天气，诱发城市内涝，城市地势低洼区域排水不畅，会造成交通瘫痪、城市生活设施进水、供水供电中断，影响人民群众的正常生活及城市正常秩序，严重的持续暴雨天气甚至会造成部分区位较低的企业工厂物资受损、停产歇业等。

1.3 冰雹

冰雹也是蓬莱常发的气象灾害，伴随夏季汛期的雷雨和大风等强对流天气出现。冰雹多持续时间短，影响范围较小，但其造成的危害却十分严重。蓬莱4—10月都可能出现冰雹天气，但主要集中在6—9月。冰雹会砸坏植株，造成病害并易传播。冰雹对果树影响也十分巨大，会造成苹果、葡萄、樱桃等烂果、畸形，影响其品相质量，造成收益受损。

1.4 大风

蓬莱南高北低，地形狭长，东西均有低矮山峰，有一定的狭管效应，伴随副热带高压的北抬南移，大风天气多发于春秋季节。蓬莱在春秋季节降水较少，大风天气会造成浮尘增多，空气质量相对较差，季节性疾病较易发生。春季恰逢作物播种出苗、返青，果树开花，受到大风天气影响，会造成幼苗枯亡，影响自然授粉或出现花落等常见问题。秋季则会造成作物倒伏，致使农作物降质减产。夏季的高温少雨天气，甚至易发干热风灾害，造成农作物大量失水，轻则影响干物质积累，缩短生长期，造成减产，重则直接造成植株干枯死亡，大面积绝收。

1.5 低温冻害

蓬莱四季分明，春秋两季温度变化大，较易发生低温冻害，多发于3—5月和10—11月。春季发生低温冻害天气，会推迟春耕春播时间，缩短作物春化期，影响根系发育，降低出苗率，幼苗病弱，果树林木开花授粉也会受到影响，造成当年果业减产。秋季霜冻灾害会影响秋收秋种，虽然影响有限，但是同样需要重视预防。

1.6 连阴雨

降水时间超过5 d，累积降水量超过30 mm即为连阴雨。蓬莱连阴雨天气多发于8—10月，此时正值农作物生长发育的关键时期，连阴雨致使空气湿度过大，光照不足，不利于作物的干物质积累，对经济作物影响严重，甚至会造成冬小麦播种推迟，致使次年减产。

2 气象防灾减灾防御方法

2.1 完善气象灾害预警系统，提升中小尺度气象灾害预报能力

进一步完善气象灾害预报预警系统，加大气象监测网点的建设，更新区域站设备，加强联防联动机制，及时发布上游气象灾害信息，减少下游各方面经济损失，完善中长期预报制度，对种植业大户进行对点宣传，做好早预报早预防，积极做好防御措施，减少生产损失。提高气象服务人员的业务能力及职业道德，以更高的职业责任感服务广大基层人民。提高中小尺度气象灾害预报精度，降低灾害损失。

2.2 充分发挥“融媒体”在气象应急减灾中的作用，加强气象科普宣传

随着时代的发展，气象灾害预警信息发布渠道已经有了不少拓展，但是气象服务“最后一公里”仍是重中之重。传统媒体发布手段受限于服务方式传统，时效性相对较差，层层转达容易造成中小尺度灾害预警不及时，基层大众收到讯息时“为时已晚”，已经无力采取应对措施，因此更需要发挥新媒体的优势——更快、更广、更详细。因此，我们需要加大农村气象灾害防御基础设施的建设，通过多种渠道如电视、广播、短信、微信、网络等媒介更好地传达气象灾害预警信息。

受文化程度和自身素质影响，基层群众气象灾害防御意识不强，应对能力不高，因此我们还需要加大基层气象信息员培养，加强气象科普知识宣传，增强基层群众的应对意识，减少气象灾害带来的损失。

2.3 预防大于治理

加强基础设施建设，增强防灾抗灾能力。合理规划城市布局，加固水库，保持水土，设计合理的防洪排涝工程和农田灌溉工程，可以有效地减少洪涝干旱的影响。植树造林，监管滥砍滥发，改善环境，防止水土流失，能有效保墒增墒，减少气象灾害发生。

2.4 加强人工影响天气的能力

加强人工影响天气的能力，提高从业人员素质，在灾害多发季节积极进行人工干预，充分利用水汽资源，减少气象灾害对工农生产的影响，充分发挥人的主观能动性，为防灾减灾尽一分力。

烟台市牟平区气象灾害特征及其对农业生产的影响

马法峰
（烟台市牟平区气象局，牟平 264100）

【摘要】本文根据烟台市牟平区气象观测数据及2008—2018年气象灾情资料，分析烟台市牟平区冰雹、干旱、暴雨洪涝、雪灾等主要气象灾害特征及其对农业生产的影响，并提出一些建议和措施。

【关键词】气象灾害；农业生产；影响；烟台市牟平区

农业是国民经济的重要基础。山东省是一个农业大省，人口众多，粮食需求大，然而由于农业生产的基础设施薄弱，抗灾能力差，对气象环境的依赖性很大。烟台市牟平区地处山东半岛东北部，位于烟台市东部，北濒黄海，东接威海市。牟平区境内地形中部高，南北低，略呈屋脊状，地貌以山地和丘陵为主。牟平区属暖温带东亚季风型大陆性气候，冬无严寒，夏无酷暑，年平均温度为11.6℃，降水量为737.2 mm，无霜期为180 d。全区主要农作物有苹果、大樱桃、梨、葡萄、小麦、玉米、甘薯、花生等。冰雹、干旱、暴雨洪涝、雪灾等主要气象灾害对农作物的影响较大，易造成较大的经济损失。本文分析了牟平区主要农业气象灾害的特点及影响，对防御农业气象灾害，推动当地农业健康、有序发展具有一定的意义。

1 资料和方法

2008—2018年烟台市牟平区气象灾情资料中的受灾面积、受灾人口和经济损失资料由烟台市牟平区民政局提供；气象资料来源为烟台市牟平区气象局观测资料。数据处理采用数理统计方法。

2 气象灾害特征

2.1 冰雹

冰雹常伴随大风、雷雨一起出现，是一种强对流天气过程，是对牟平区农业影响较大的气象灾害，主要发生在夏秋季节。首先，受地形影响显著，牟平区以山地和丘陵为主，地形复杂，有利于冰雹发生；其次，冰雹致使蔬菜、玉米、果树受损严重，对农作物枝叶、茎秆和果实产生损害，致使农作物减产或绝收。

2.2 干旱

干旱是长期无雨或少雨，使土壤水分不足、作物水分平衡遭到破坏而减产的农业气象灾害。近年来，随着全球变暖趋势的不断加剧，干旱发生的强度和频率正在逐渐增加。降水少且时空分布不均和气温偏高是牟平区出现干旱的主要原因。干旱发生时，尤其是春旱和夏旱会阻碍农作物的正常生长发育，从而降低农作物产量。

2.3 暴雨洪涝

长时间的暴雨容易产生积水或径流淹没低洼地段，造成洪涝灾害。洪涝灾害是由暴雨引起的洪涝淹没作物，使作物新陈代谢难以正常进行而造成各种危害，淹水越深，淹没时间越长，危害越严重。特大暴雨引起的山洪暴发、河流泛滥，不仅危害农业、林业和渔业，而且还冲毁农舍和工农业设施，甚至造成人畜伤亡，经济损失严重。

2.4 雪灾

雪灾是因长时间大量降雪造成大范围积雪成灾的自然现象。受烟台市牟平区北部海洋和中部丘陵影响，牟平区冬季降雪次数多，降雪强度大。强降雪成灾对农业设施的影响最为明显，尤其是对大棚蔬菜的危害最大，给农业生产造成严重影响。

3 气象灾害对农业的影响及个例浅析

3.1 冰雹

冰雹会直接导致作物茎叶、茎秆及果实出现不同程度损伤，造成农作物减产。如2016年9月5日下午，牟平区玉林店、莒格庄、文化街道、高陵、水道5个乡镇的苹果、玉米、花生、蔬菜等遭冰雹、大风、强降水袭击，冰雹最大直径可达3～4 mm，极大风速达17.3 m/s，降水最大的站是莒格庄站，为

57.3 mm，受灾5 637.62 hm^2，累计经济损失约36 794.8万元，达到大型气象灾害级别。

3.2 干旱

干旱一般受异常大气环流影响，造成降水量偏少，再加上水资源贮藏不足，导致干旱灾害发生，作物歉收，饮水困难。如在2017年春季，副热带高压偏弱，位置偏南，较强的暖湿气流未能达到山东半岛，牟平区未出现有利的降水天气过程，致使长时间的降水偏少。从2017年2月到6月，牟平区降水量为59.6 mm，比常年偏少114.1 mm，约为常年降水量的1/3。此次干旱使农作物受灾面积达8 782.5 hm^2，农业损失达22 225.3万元。

3.3 暴雨洪涝

一旦暴雨天气引发严重洪涝灾害，可对农业生产、农业设施等造成极大的破坏，严重时甚至导致人员伤亡。如在2017年8月5日，受台风“海棠”减弱后的低压环流影响，烟台市牟平区观水镇出现特大暴雨，从5日0时到16时，观水镇降水量达139.5 mm，强降水天气造成洪涝灾害，因灾导致部分群众房屋倒塌，苹果、玉米、花生等农作物受灾，农作物受灾面积为1 933 hm^2，造成农业损失达742万元。

3.4 雪灾

雪灾对设施农业的影响最为明显，尤其是对大棚蔬菜的危害最大。由于持续低温，大棚蔬菜、露地蔬菜受冻，用于早春栽培的幼苗也易冻死。由于降雪时间过长、积雪过厚，降低了棚内温度和透光性，影响大棚蔬菜的正常生长。如在2008年12月5日，受强冷空气影响，烟台市牟平区出现暴雪天气，4日20时到5日20时降水量为26.5 mm，雪深达31 cm。雪灾造成蔬菜瓜果大棚受损、车间被压塌、房屋受损，造成经济损失385.5万元。

4 对气象灾害的应对措施和建议

4.1 建立健全农业气象预报预警服务体系

牟平区气象部门要加强气候变化监测及研究工作，并根据当地气候变化规律及气象为农服务工作经验，建立健全农业气象预报预警服务体系。可采用中短期、长期预报及气象灾害专题预报相结合形式，制定农业气象预报服务产品。尤其是针对冰雹、干旱、暴雨洪涝、雪灾等农业灾害性天气预报预警信息，要充分借助网络、手机短信、广播、电视等各类渠道发布预警信息，增强牟平区群众的防灾减灾意识及抗灾自救能力，降低农业气象灾害对农业生产带来的损失。

4.2 建立多部门联合防灾减灾机制

气象灾害防灾减灾需要气象部门、农业部门、畜牧业部门、林业部门、水利部门、国土部门等共同联合才能够促进工作高效开展，因而应建立多部门联合防灾减灾机制。各部门应密切配合，趋利避害，做好气象灾害信息共享，为农业生产提供信息指导依据。在气象灾害来临前，各部门共同组成灾害防御队伍，以提供科学、合理的灾害应对措施，提升对农业气象灾害的防御水平。

参考文献

[1] 闫淑春. 我国干旱灾害影响及抗旱减灾对策研究[D]. 北京：中国农业大学，2005.

[2] 宋文理. 山东省农业受灾严重[J]. 调研世界，1998(1)：15.

[3] 刘玲，沙奕卓，白月明. 中国主要农业气象灾害区域分布与减灾对策[J]. 自然灾害学报，2003(2)：93-98.

[4] 卢丽萍，程丛兰，刘伟东，等. 30年来我国农业气象灾害对农业生产的影响及其空间分布特征[J]. 生态环境学报，2009，18(4)：1573-1578.

[5] 罗培. 区域气象灾害风险评估[D]. 成都：西南师范大学，2005.

[6] 王连喜，肖玮钰，李琪. 中国北方地区主要农作物气象灾害风险评估方法综述[J]. 灾害学，2013，28(2)：114-119，130.

1961—2015 年龙口市降水分布特征
——基于主成分分析法

翟少婧
（龙口市气象局，龙口　265700）

【摘要】为加强龙口市的防灾减灾综合实力，本文采用主成分分析法对龙口市国家气象观测站 1961—2015 年的各月降水量进行了分析，得出龙口市在 1961—2015 年的降水分布特征：深夏到初秋和深秋到初冬雨雪充沛；秋季降水较多；初夏和初冬降水偏少而夏末降水较多；2 月降水偏多而深秋降水偏少；4 月和 6 月降水较多。该研究加强了对龙口市降水规律的认知程度，揭示了龙口市降水的年度及月度分布规律、各月降水量对年降水量的贡献程度，对提升龙口市的防灾减灾能力有着积极的意义。

【关键词】龙口；月降水；主成分分析；降水分布特征

龙口市位于山东省东北部，胶东半岛西北部。境内东南部为低山丘陵，西北部为滨海平原，地势东南高、西北低，山地占17.47%，平原占50.97%，丘陵占31.56%。龙口市属烟台市管辖，与蓬莱区、栖霞市、招远市接壤，西、北濒渤海，隔海与天津、大连相望。龙口市是我国北方重要的农产品生产、加工和出口基地，盛产小麦、苹果、草莓、虾、海参等。

龙口市的年内各月降水量分布不均，因此加强对年内降水的研究，对提升龙口市的防灾减灾能力、提高生态文明建设程度有着积极作用。本文采用主成分分析法对龙口市1961—2015年来逐月降水量进行分析，以期获得对年降水做出主要贡献的月份，并最终得出降水特征，为提升地方防灾减灾能力提供参考和依据。[1, 2]

1 资料与方法

1.1 资料来源

本文所用的龙口市降水资料来自参与全球气象资料交换的龙口国家气象观测站1961—2015年逐月降水资料。

1.2 研究方法

主成分分析法是通过原变量的少数几个线性组合体现原始绝大多数信息的有效方法。其中心思想是在保证原始信息损失最小化的前提下，把多个相关联的原始指标转化为用线性组合表示的少数几个不相关综合指标，从众多因子中提取主要影响因子。该方法根据各指标间的相互关系及各数据的变异来确定权重，能够有效避免确定权重时的主观性和随意性。[3-5]

1.3 资料处理

每一行为一个样本，每一列为一个变量，编辑好数据后将待分析的所有数据定义成数据矩阵块。令X_1为1月降水量，X_2为2月降水量，X_3为3月降水量，以此类推，具体降水量表略。

2 结果分析

表1为方差分解主成分提取分析表，对1961—2015年龙口市降水的特征根、各主成分的方差贡献率和累积方差贡献率结果按从大到小排列。其中，特征根是表示主成分影响度大小的指标，通常以特征根大于1作为纳入标准。由表2可知，前5个主成分特征根累积方差贡献率已达61.399 2%，第1～5分别为1.943 9，1.592 1，1.337 1，1.292 0，1.202 8，表明这5个主成分可以反映龙口市降水的主要原始信息。

表1　方差分解主成分提取分析表

成分	合计/mm	方差/%	累计/%
X_1	1.943 9	16.199 0	16.199 0
X_2	1.592 1	13.267 6	29.466 6
X_3	1.337 1	11.142 6	40.609 2
X_4	1.292 0	10.766 6	51.375 8

续表

成分	合计/mm	方差/%	累计/%
X_5	1.202 8	10.023 4	61.399 2
X_6	1.087 2	9.059 8	70.459 0
X_7	0.755 7	6.297 1	76.756 1
X_8	0.697 6	5.813 7	82.569 8
X_9	0.600 4	5.003 6	87.573 5
X_{10}	0.558 1	4.651 2	92.224 6
X_{11}	0.517 4	4.311 4	96.536 0
X_{12}	0.415 7	3.464 0	100.000 0

用表2中各指标的初始因子载荷，除以表1中与之相对应的特征根开平方后之数，分别得到第1～5主成分的表达式。其中，

第1主成分：$F_1=-0.035X_1+0.102X_2-0.261X_3-0.075X_4-0.318X_5+0.079X_6-0.586X_7+0.464X_8+0.360X_9+0.003X_{10}+0.601X_{11}+0.439X_{12}$

第2主成分：$F_2=0.370X_1-0.126X_2+0.254X_3+0.222X_4-0.232X_5-0.085X_6-0.150X_7-0.096X_8+0.479X_9+0.698X_{10}-0.295X_{11}+0.141X_{12}$

第3主成分：$F_3=0.101X_1-0.096X_2-0.102X_3+0.219X_4+0.329X_5-0.484X_6+0.114X_7+0.648X_8+0.295X_9-0.110X_{10}+0.172X_{11}-0.555X_{12}$

第4主成分：$F_4=0.178X_1+0.539X_2+0.224X_3-0.135X_4-0.229X_5-0.103X_6+0.080X_7-0.007X_8+0.315X_9-0.572X_{10}-0.189X_{11}-0.326X_{12}$

第5主成分：$F_5=0.105X_1+0.208X_2-0.389X_3+0.465X_4+0.204X_5+0.495X_6+0.187X_7-0.172X_8+0.324X_9-0.042X_{10}-0.020X_{11}-0.042X_{12}$[3，4]

由上述表达式可知，在第1主成分中，X_8、X_9、X_{11}、X_{12}为系数较大的正数，表明第1主成分反映了龙口市在深夏到初秋、深秋到初冬雨雪充沛、降水丰富；在第2主成分中，X_9、X_{10}为系数较大的正数，表征秋季降水较多；在第3主成分中，X_6、X_{12}为系数较大的负数，X_8为系数较大的正数，表明初夏和初冬降水减少导致干旱出现，而夏末雨水较多；在第4主成分中，X_2正系数较大，X_{10}负系数较大，代表了2月降水偏多而深秋降水偏少；在第5主成分中，X_4和X_6的正系数较大，代表了4月和6月降水较多。

表2　初始因子载荷矩阵

成分	第1主成分	第2主成分	第3主成分	第4主成分	第5主成分
X_1	−0.048 3	0.515 3	0.141 3	0.248 1	0.146 2
X_2	0.128 1	−0.158 4	−0.121 2	0.680 7	0.262 4
X_3	−0.302 0	0.293 8	−0.117 9	0.259 5	−0.450 2
X_4	−0.084 8	0.252 8	0.249 2	−0.153 4	0.528 0
X_5	−0.348 8	−0.254 4	0.360 8	−0.251 6	0.223 5
X_6	0.082 3	−0.088 7	−0.504 3	−0.107 4	0.516 1
X_7	−0.509 0	−0.130 2	0.098 9	0.069 2	0.162 2
X_8	0.387 5	−0.080 0	0.541 2	−0.005 9	−0.143 7
X_9	0.278 9	0.371 1	0.228 2	0.244 0	0.251 2
X_{10}	0.002 6	0.521 7	−0.082 5	−0.427 2	−0.031 6
X_{11}	0.432 6	−0.212 5	0.124 0	−0.135 9	−0.014 4
X_{12}	0.283 2	0.090 6	−0.357 6	−0.209 9	−0.027 4

将1961—2015年逐月降水量带入第1～5主成分公式中，可得各年降水主成分分值，如表3所示。

表3　龙口市降水主成分分值矩阵

年份	第1主成分	第2主成分	第3主成分	第4主成分	第5主成分
1961	78.3	176.0	171.5	−67.1	56.0
1962	14.6	4.6	181.3	3.2	74.6
1963	−51.6	41.5	152.0	−24.9	100.8
1964	−65.2	76.1	166.3	0.0	158.0
1965	−101.0	−12.6	65.5	−11.6	59.5
1966	−98.9	17.6	40.3	−2.5	126.1
1967	43.7	75.7	101.6	28.4	86.8
1968	16.5	69.0	68.3	−80.5	36.4
1969	62.7	21.5	125.8	16.5	83.8

续表

年份	第1主成分	第2主成分	第3主成分	第4主成分	第5主成分
1970	−191.5	−29.2	105.5	3.0	137.5
1971	−41.1	50.9	182.0	58.7	101.8
1972	−32.8	83.2	134.3	7.1	75.5
1973	−112.4	17.3	141.4	−36.2	130.2
1974	86.2	46.4	220.6	−27.4	50.5
1975	−0.1	81.6	111.2	−52.4	46.1
1976	50.5	44.0	165.3	−8.7	91.3
1977	−15.9	26.5	150.8	−55.3	9.8
1978	−19.3	7.9	5.3	−6.2	172.4
1979	4.2	111.7	−9.1	−47.0	107.2
1980	−32.2	55.5	−46.7	−73.4	187.2
1981	−26.6	21.1	50.2	−17.3	38.7
1982	75.9	22.3	141.5	−66.0	31.9
1983	−105.2	19.6	54.3	5.4	54.3
1984	−38.5	15.8	38.1	−21.0	103.8
1985	35.3	9.0	266.5	−31.9	41.0
1986	−20.9	25.7	104.4	−17.5	10.3
1987	48.9	19.1	116.1	−45.5	80.7
1988	−63.4	−26.5	80.7	6.5	68.1
1989	−51.4	45.1	63.4	18.4	15.9
1990	−144.3	0.1	50.6	−14.6	153.9
1991	−45.0	58.1	46.9	−18.9	58.3
1992	80.7	102.2	64.0	1.0	99.6
1993	−30.4	25.5	10.0	−78.0	112.0
1994	13.4	20.3	83.9	−58.6	60.2
1995	−144.3	1.9	106.3	−25.7	83.3

续表

年份	第1主成分	第2主成分	第3主成分	第4主成分	第5主成分
1996	−173.4	20.5	53.5	−18.0	117.1
1997	63.4	32.2	137.9	−24.5	3.6
1998	−15.4	−20.3	136.9	−1.5	32.6
1999	30.3	69.3	−10.9	−65.9	73.8
2000	−2.5	82.7	86.9	−58.6	34.1
2001	−184.0	0.6	63.7	−4.3	143.7
2002	38.3	54.7	150.5	−13.5	59.8
2003	−23.7	73.9	79.6	−22.9	112.2
2004	−68.4	18.3	85.4	−41.0	82.3
2005	49.4	27.9	140.8	−11.9	73.1
2006	7.5	−24.2	128.4	−17.3	43.7
2007	29.9	64.0	183.9	−15.0	11.1
2008	−141.8	−28.8	118.0	−7.6	86.1
2009	−236.8	−45.3	132.1	−48.6	156.7
2010	−79.5	−8.4	140.7	14.7	86.5
2011	110.9	58.3	118.5	4.1	69.1
2012	24.6	110.8	109.2	−52.2	58.6
2013	−349.9	−72.9	132.3	12.9	134.4
2014	−26.2	54.2	38.5	−8.8	78.1
2015	167.5	95.6	222.5	−33.7	16.4

汇总可知，1961年、1969年、1974年、1982年、1992年、2011年和2015年的第1主成分分值偏高，其中2011年和2015年明显偏高，说明该年份龙口市的深夏到初秋和深秋到初冬雨雪充沛、降水丰富。1990年、2008年、2009年和2013年的第1主成分负分值明显偏高，表明该年份深夏到初秋以及深秋到初冬降水偏少，持续性的降水偏少，导致出现阶段性干旱。1961年、1979年、1992年、2012年和2015年的第2主成分分值偏高，其中1961年明显偏高，表征该年份秋季降水较多；2009年和2013年的第2主成分负分值偏高，说明该年份秋季

降水偏少。1961年、1962年、1964年、1971年、1976年、1985年、2007年和2015年的第3主成分分值偏高，其中1962年、1971年、1985年、2007年和2015年明显偏高，表明该年份初夏和初冬有干旱发生，夏末雨水较多；1980年第3主成分负分值偏高，表明该年份初夏和初冬降水偏多，而夏末降水偏少。1971年第4主成分分值明显偏高，表明该年2月降水偏多而深秋降水偏少；1961年、1968年、1980年、1982年、1993年、1994年、1999年、2000年和2012年第4主成分负分值明显偏高，表明该年份深秋降水明显偏多，而2月降水偏少。1964年、1970年、1973年、1978年、1980年、1990年、2001年、2009年和2013年的第5主成分分值偏高，其中1978年和1980年明显偏高，表明该年4月和6月降水明显偏多；1977年、1986年和1997年第5主成分分值明显偏低，表明该年份4月和6月降水偏少。[6-8]

3 讨论

主成分分析法在对气象因子的研究中有着重要作用，对研究降水的年际气候变化有明显的意义，可以明显提高对气象资料的分析应用能力。但是在具体应用中，应注意需要保证所提取的前几个主成分的累计贡献率达到一个较高的水平，而这个水平是60%以上还是80%以上甚至90%以上没有明显阈值期间，只要满足提取的主成分符合实际背景和意义即可，所以对同一个数据的主成分分析一般有不同的结果，这可能是由变量降维过程导致的。[9]

4 结论

本文用主成分分析法对龙口市1961—2015年逐月降水量进行了分析，将近55年的降水特征归纳为以下五种情况：深夏到初秋和深秋到初冬雨雪充沛；秋季降水较多；初夏和初冬降水偏少而夏末降水较多；2月降水偏多而深秋降水偏少；4月和6月降水较多。该文加强了对龙口市降水的认知程度，揭示了降水的年度及月度分布规律、各月降水量对年降水量的贡献程度，对提升龙口市的防灾减灾能力有着积极的意义。

参考文献

[1] 赵焕宸．东北地区降水分布特性的主成分分析［J］．地理科学，1984（3）：225-234．

[2] 田晓璐．新乡市近几十年降水特征的主成分分析［J］．农业与技术，2016，36（22）：216-217．

[3] 郭品文，居丽丽，徐同．非线性主成分分析在中国四季降水异常分布中的应用［J］．南京气象学院学报，2008，31（4）：460-467．

[4] 王雅燕．基于主成分分析的安徽省汛期降水空间聚类研究［J］．安

徽农学通报，2019，25（11）：157-164.

[5] 杨瑜峰. 中国西北东部近50a降水异常分布及变化特征[J]. 干旱气象，2014，32（5）：701-705.

[6] 刘笑，邵晓华，王涛. 中国东部季风区夏季降水的时空分布特征[J]. 南水北调与水利科技，2013，11（6）：10-15.

[7] 刘江涛，徐宗学，赵焕. 1973—2016年雅鲁藏布江流域极端降水事件时空变化特征[J]. 山地学报，2018，36（5）：750-764.

[8] 周顺成，普布卓玛. 西藏高原汛期降水类型的研究[J]. 气象，2000，26（5）：39-43.

[9] 张美玲. 1961—2005年鲁南地区汛期降水时空演变特征[J]. 气象与环境科学，2008，31（1）：48-52.

莱阳市致灾冰雹的气候特征分析

陈立春　吴霭霞
（莱阳市气象局，莱阳　265200）

【摘要】本文利用莱阳市1972—2019年雹灾记录和部分雹灾发生前的历史天气图，对冰雹天气过程进行统计分析，统计内容有雹灾的年际变化、年内逐月分布、一天之内各时段降雹概率分布及不同降雹天气系统的特征与共性。研究目的是提高对莱阳冰雹天气的认识，为提高预测能力、提高人工消雹成功率、减轻雹灾损失提供帮助。

【关键词】莱阳；冰雹；天气系统；特征

莱阳冰雹灾害具有发生概率低、局地性、突发性强、破坏力大、生命史短、预防难度大、发生规律难以掌握等特点。虽然人们对冰雹发生机理进行了大量的研究，取得了不少成果，但在实际预测工作中成功率仍不够高。本文统计了莱阳致灾冰雹的一些气候特点、天气尺度系统特征，以帮助认识发生冰雹的一般规律。因资料条件限制，本文未进行中小尺度分析及雷达、卫星图像特征分析。在物理量应用方面，本文只进行了*SI*指数及假相当位温在高、低空的差值分析，未做其他物理量计算。

1　资料与方法

本文资料采用1972—2019年的莱阳市冰雹灾害记录、地面气象观测记录，冰雹发生前的最近一个时次（北京时间08时或20时）的高、低空实况记录（取自历史天气图）。其中，莱阳上空高、中、低层（850 hPa、700 hPa、500 hPa）的气温及温度露点差用青岛、大连、威海探空站的数据进行线性插值估算。温度平流强弱以流线上两条等温线间距，结合水平风速，按大、中、小各占1/3的比例进行人工判断。本文统计了莱阳市雹灾的年际变化、年内逐月分布、日内各时段分布、地理分布特点；分析了形成雹灾的不同天气系统的特征。

2 莱阳市雹灾时空分布特点

2.1 雹灾的年际变化

1972—2019年莱阳市共有23年出现雹灾，即大约一半的年份出现雹灾，雹灾的出现并不是均匀分布在这48年中，有时连续多年出现，有时连续几年不出现，其中连续出现最长时段为4年（1991—1994年），连续未出现雹灾最长时段为7年（2013—2019年）。经方差分析，在通过信度α=0.01的F检验下，得出雹灾存在16年主周期和11年次周期变化规律。由此推测得出2020年为雹灾年，2021年一般无雹灾，2022年、2023年雹灾出现的可能性较大。通过逐年雹灾线性趋势方程：$y=-0.009\ 1x+18.738$（x为年份）看出，现阶段雹灾有逐年减少的趋势，但变化很缓慢。

2.2 雹灾的逐月分布

表1给出降雹天气的逐月出现统计概率（25个样本）。从表1中可以看出，全年中1—2月、11—12月未出现雹灾，5—6月雹灾出现比较集中。

表1 雹灾各月出现概率（25个样本）

月份	1	2	3	4	5	6	7	8	9	10	11	12
雹灾次数	0	0	1	1	5	8	2	3	3	2	0	0

2.3 雹灾的日内分布

表2给出了降雹在一天内各时段的分布情况，从表2中可以看出，莱阳雹灾主要集中在中午至下午这段时间。

表2 日内各时段雹灾出现概率（16个样本）

时段	00:01至3:00	03:01至6:00	06:01至9:00	09:01至12:00	12:01至15:00	15:01至18:00	18:01至21:00	21:01至0:00
雹灾次数	1	0	1	1	6	5	2	0

2.4 雹灾的地理分布

从地理分布来看，从莱阳北部山区至南部沿海，降雹概率逐渐降低，南部降雹次数少，受灾较轻。

3 不同降雹天气系统特征分析

本文共分析了12个具有较完整实况资料的降雹天气个例，出现的天气类型有冷涡、涡前低槽、横槽、阶梯槽、西北气流5类天气系统，下面分类型分析各自的特点。

3.1 冷涡型

在12个个例中，冷涡型降雹出现5次。在这5个个例中，有3个为来自西北方向的冷涡，有2个为来自河套东部的西路冷涡。在这3个从西北方东移南下的冷涡中，降雹前，半岛位于涡的东南方，降雹都出现在下午到傍晚，在降雹前的8时天气图上，莱阳位于中低层（700 hPa、850 hPa）槽前部，中低层槽前为弱或中等强度的暖平流区，但槽后冷平流都较强，这种斜压不稳定结构，有利于有效位能释放，促使中低层槽的加深及东移减速。高层500 hPa从冷涡中心分裂的小槽东移，冷空气越过槽线向东移动，冷涡的西南侧有强盛的西北气流区，在冷空气向涡东南侧输送及涡西南侧强西北气流条件下，冷涡快速到达半岛上空。中低层暖平流增温增湿，与上层冷涡带来的干冷空气叠加，这种上下层温度差动平流和午后地面加热，使得大气层结不稳定能量增大。中低层暖平流抬升作用、高层冷涡移动的前方正涡度平流作用，加上地面太阳加热，共同促使上升运动加强，成为强对流天气的触发条件。降雹前*SI*指数、$\Delta\theta_{se850-500}$指数值，有时并未指示将有强对流发生。如1979年5月15日08时*SI*指数为4.8，$\Delta\theta_{se850-500}$指标值为−8.5℃，从对流指标看，不利于对流天气发生，但最终出现了大范围（山东29个县）降雹，主要是由于温度差动平流引起的不稳定能量快速增大造成的。对温度湿度按线性插值估算的降雹时*SI*指数约为−7℃。因此，对于冷涡系统，在使用*SI*指数等指标判断强对流天气等级时不能照搬，而应以发展的观点来分析判断。

另外，有两个冷涡是来自河套东部的西路冷涡，莱阳位于其东部，这种冷涡中低层系统移动缓慢，无明显温度平流。降雹前最近一时次，上层500 hPa涡西侧不再有冷空气补充，涡南侧西风分量较大，北侧东风分量很小，冷涡东部冷平流较弱。表面看来，这类冷涡无明显冷暖空气活动，天气系统较弱，但*SI*指数数值却为−2℃～−3℃，$\Delta\theta_{se850-500}$指数值为6℃～8℃，为较强的潜在不稳定能量。当冷涡移近莱阳时，在正涡度平流及午后地面较强加热区等抬升作用下，潜在不稳定能量被触发，引起剧烈对流天气，损失较大。这类冷涡作用下，莱阳市南部降雹的概率也较大。这类冷涡，在不稳定能量发展方面没有前一类冷涡增长得快，但在冰雹天气到来之前，莱阳已储备了较多的对流不稳定潜能。

3.2　涡前低槽型

12个个例中，该类天气共出现三次。其特点是，降雹前莱阳处于低槽前部，槽线附件有弱冷平流或有越过槽底的弱冷平流。低层850 hPa处，莱阳处于暖平流区。其中两次暖平流较明显，一次暖平流较弱，都存在上下层温度差动平流现象，都是不稳定加强区，500 hPa低槽移速较快，当低槽到达莱阳上空时，出现前倾槽（或垂直槽），槽底附近的冷平流叠加在低层暖平流之上，这种差动平流使得大气层结不稳定度增大，在低层暖湿平流或午后地面加热等抬升力触发后，对流天气爆发。这类天气有一次出现在半夜，有两次出现在午后。

3.3　横槽型

该型在这12个个例中出现了两次。其特点是，降雹前，莱阳处于500 hPa横槽前部，槽前已出现冷平流，850 hPa槽前有暖平流，其中一次，莱阳低层暖平流弱，高层冷平流强，另一次低层850 hPa暖平流强，高层500 hPa冷平流弱。两次低层850 hPa斜压性都较强，低层槽发展东移。上层500 hPa横槽下摆速度较低层快，在莱阳上空形成前倾槽，上层槽底附件的冷平流与低层槽前暖平流叠加，不稳定度加大。触发对流天气爆发的条件是，低层暖平流和上层槽前正涡度平流的抬升作用。

3.4　阶梯槽型

该型共出现一次，降雹前一天，有一低槽东移出海，莱阳处于西北方又一南下低槽的前部，500 hPa槽较深，槽前有弱的冷平流，槽后冷平流较强。低层850 hPa槽前为暖平流区，槽后冷平流也较强，低层槽发展加深，东移减速，500 hPa低槽东移较低层槽快，到达莱阳时，形成前倾槽。温度差动平流使得不稳定能量增大。2000年5月18日08时降雹前*SI*指数为−3.4℃，$\Delta\theta_{se850-500}$指数值为6.2℃，已存在较强的潜在不稳定能量。低层暖平流及地面太阳强加热区成为对流触发条件。

3.5　西北气流型

该型出现一次。在500 hPa山东半岛上空及西北侧，出现大范围高空急流区（西北偏西气流），该区为高空锋区，在500 hPa强西北气流中（高空锋区上），出现小扰动，莱阳上空500 hPa，处于弱冷平流区，850 hPa低槽位于河套以东，山东半岛及以西为较明显的西风暖平流区。1989年5月18日08时，*SI*指数为−3.3℃，$\Delta\theta_{se850-500}$指数为6.9℃，莱阳处于较强的潜在不稳定能量区。随着温度差动平流的维持，上下层温差加大，不稳定能量增大。低层暖平流成为潜在不稳定能量释放的触发条件。

4 结论

（1）莱阳市冰雹灾害存在年际变化，主要存在16年主周期和11年次周期变化规律；一年中雹灾主要发生在5—10月，11月至翌年2月无雹灾；一日之中以午后至傍晚发生的概率最大。

（2）在分析的12个冰雹个例中，其中有8个有明显的温度差动平流（5个为冷平流强迫类，强的上层干冷空气入侵造成的热力不稳定；3个为暖平流强迫类，强的低层暖湿平流使得热力不稳定增强）。这8例中对流不稳定能量增长很快，因此，在对流参数应用时，不仅要看当时的数值，更要看大气不稳定性的变化情况。在另4个个例中，虽然温度的差动平流对系统的发展不够明显，但在降雹前的最近一次天气实况（08时或20时）上，已形成较强的潜在不稳定能量。

（3）在12个个例中，6个是上层低槽移速快于低层，在半岛一带形成前倾槽（垂直槽）；有5个是上层冷涡中心（冷中心）快速到达半岛（低层暖区）的上部；有1个个例是上层强西北气流中的小股冷空气东移南下到暖脊上部。

（4）触发对流的因素主要有低层暖平流抬升、高层正涡度平流抬升、近地层（地面）太阳加热偏强区及山地地形抬升等。相反，在高空槽后的下沉气流区，即使存在上冷下暖的潜在不稳定能量，也很难形成强对流天气，只因缺少触发对流的外力。

（5）统计表明，莱阳降雹天气多数出现在前期长时间少雨干旱时期，北部山区降雹概率更大。

（6）12个个例中，降雹前最近一个时次700 hPa气温一般为−5℃～6℃，温度过高，不利于形成冰雹；850 hPa温度露点差为3℃～8℃，超过10℃不易形成冰雹。

（7）在有可能出现冰雹的天气条件下，消雹作业应提前准备。在雹云形成初期，云顶高度达到7 km开始进行作业，要打云头、打云腰、打云根、打闪电，特别要打在雹云前部的上升气流最强部位或云体颜色最深区域。

（8）因本文研究的个例较少，各天气类型可能不具有普遍性。另外，未进行卫星、雷达图像分析及中小尺度分析，未进行对流有效位能等物理量统计，未进行数值预报产品分析，这些有待于今后进一步完善。

莱阳市1951—2019年冬小麦干热风气候特征及防御对策研究

吴霭霞[1]　孙友文[2]　梁　骋[1]　陈立春[1]
（1.莱阳市气象局，莱阳　265200；2.海阳市气象局，海阳　265100）

【摘要】本文在冬小麦农业气象观测基础上，确定干热风危害小麦的敏感期。依据干热风指标，利用1951—2019年近70年的气象资料，统计分析莱阳市干热风的气候特征以及干热风发生对冬小麦扬花灌浆期的危害程度，并提出相应的应对措施，以期为莱阳市冬小麦干热风的防御提供参考。

【关键词】莱阳市；干热风；气候特征；对策

干热风是在小麦扬花灌浆期出现的一种高温低湿并伴有一定风力的灾害性天气[1]，是小麦生产区的主要农业气象灾害，俗称“西南风”“火风”，危害的地区主要在黄、淮、海流域和新疆一带。莱阳市多年的小麦农业气象观测资料表明，本地小麦收获的大流日期在6月15日前后，前推一个月，5月16日至6月15日，即为小麦扬花、灌浆成熟期，也是小麦生长发育的敏感时期，此时出现干热风能强烈破坏植株水分平衡和光合作用，影响籽粒灌浆成熟、千粒重下降而减产。研究表明，小麦在灌浆期遇干热风，轻者减产10%左右，重者减产20%以上。[2,3]

冬小麦是莱阳市主要的粮食作物，全市播种面积55万亩，占总耕地面积的50%以上，并且在山地、丘陵、平原都有种植。研究干热风的发生、发展规律，分析其危害的气候特征，对农业部门研究干热风防御对策以及保证粮食生产具有重要意义。

1　干热风形成的天气形势

莱阳市大部地处胶东半岛内陆，仅南部濒临黄海丁字湾，每年春末夏初，内陆气候干燥，日照充足，空气剧烈增温，因而形成干热的变性气团；当冷高压东移南下之后，山东处于冷高压后部和低压前部的暖区内，高空为西北偏西气流，而地面气压场为南高北低形势时，近地面干而热的西南气流向东北吹，形成干热风。

2 干热风指标及资料来源

小麦干热风主要分为高温低湿型、雨后青枯型和旱风型，莱阳市主要受前两种干热风影响。高温低湿型气象指标执行中国气象局制定的小麦干热风灾害等级标准[4]，如表1所示；雨后青枯型气象指标：小麦收获前10 d内，有一次小到中雨以上降水过程，雨后3 d内有1日的最高气温大于等于30℃以上，14时风速≥3 $m\cdot s^{-1}$，该日即为青枯日。[5]

本文选取了莱阳市国家气象观测站1951—2019年日最高气温、14时相对湿度和2分钟风速资料以及莱阳国家农气观测一级站2005—2017年冬小麦发育期资料及千粒重资料。

表1　莱阳市冬小麦干热风日、天气过程和年型指标

<table>
<tr><td rowspan="2">干热风日</td><td>重</td><td>日最高气温≥35℃，14时相对湿度≤25%，14时风速≥3 $m\cdot s^{-1}$</td></tr>
<tr><td>轻</td><td>日最高气温≥32℃，14时相对湿度≤30%，14时风速≥2 $m\cdot s^{-1}$</td></tr>
<tr><td rowspan="2">干热风天气过程</td><td>重</td><td>凡出现连续大于等于2 d重干热风日的为一次重干热风过程；在一次重干热风天气过程中出现2 d不连续重干热风日</td></tr>
<tr><td>轻</td><td>除重干热风过程所包括的轻干热风日外，凡出现连续大于等于2 d轻干热风日的为一次轻干热风过程；连续2 d出现一轻一重干热风日，或出现1 d重干热风日的为一次轻干热风过程</td></tr>
<tr><td rowspan="3">干热风年型</td><td>重</td><td>至少出现大于等于1次重干热风过程，或至少出现大于等于3次轻干热风过程；小麦千粒重减轻3～5 g，减产一成以上</td></tr>
<tr><td>轻</td><td>至少出现大于等于2次轻干热风过程，或至少出现大于等于1 d重干热风和一次轻干热风过程；小麦千粒重一般减轻1～3 g，减产1成以下</td></tr>
<tr><td>无</td><td>出现小于等于1次轻干热风过程，小麦千粒重无减轻或稍有下降</td></tr>
</table>

3 干热风的气候特征

3.1 高温低湿型干热风

5月16日至6月15日是莱阳市的小麦扬花灌浆期，1951—2019年的近70年中，39年共出现109个干热风日，年频率为57%。其中重干热风日32 d，轻干热风日77 d（图1）。

如图1所示，莱阳市的干热风有集中出现的特点：1958—1965年出现24个干热风日，占总干热风日数的22%；其后1971—1972年6个、1979—983年10个、1988—1989年4个、1994—1995年5个，而1999—2007年达到33个干热风日，占比30%，是干热风发生最集中的时期；再加上2014—2015年的8个干热风日，集中出现的干热风日达90个，占比83%。据统计，莱阳市6月1—15日的干热风总日数和强度比5月严重。

由逐候干热风统计数据（表2）可见，5月26—31日（小麦灌浆初期）发生干热风的日数最多，共31 d，占总数的28%，一般每3年一遇；6月各候（小麦乳熟到成熟期）干热风出现频率依次为16%、22%、22%，一般五六年一遇；小麦花期（5月16—25日）干热风发生概率较低。莱阳市年最多干热风日数为13 d，出现在2001年，干热风贯穿了小麦花期和灌浆初、中期，包含有1次重干热风天气过程和3次轻干热风天气过程。

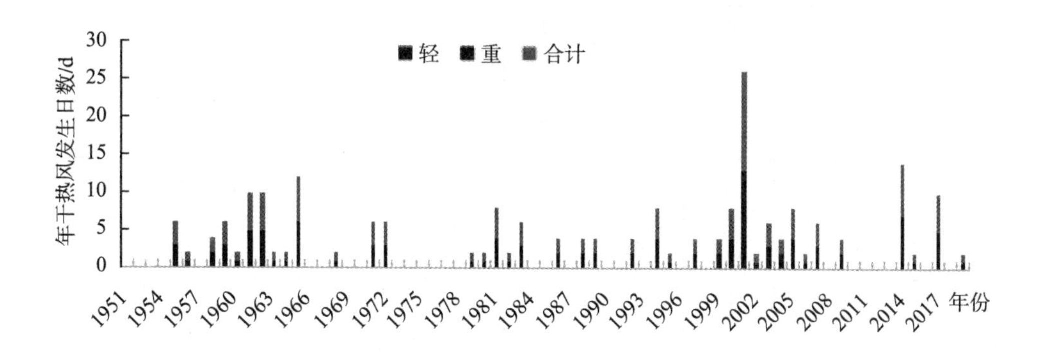

图1　莱阳市1951—2019年历年干热风出现日数和发生次数

表2　莱阳市1951—2019年逐候干热风出现日数及频率

项目	5月			6月			合计
	16—20日	21—25日	26—31日	1—5日	6—10日	11—15日	
总日数/d	6	6	31	18	24	24	109
频率/%	6	6	28	16	22	22	100
年平均/d	0.1	0.1	0.4	0.3	0.3	0.3	1.6
年最多日数/d	3	2	6	4	4	4	13

由表3可以看出，重干热风多集中在6月6—15日，共16个重干热风日，占其总日数的50%。这期间，莱阳山丘地小麦已收获，影响较小，平原区冬小麦正值灌浆成熟阶段，将受到干热风危害。5月26日至6月5日有13个重干热风日，占比41%，对处在灌浆成熟期的山地小麦危害较大。而5月16日至5月25日的小麦花期，仅1962年和2001年出现了3个重干热风日，可见小麦花期受干热风危害较轻。

统计资料还显示，近70年中，莱阳出现轻型干热风12年，即1955年、1958年、1959年、1961年、1972年、1981年、1983年、1994年、2000年、2007年、2009年和2014年，每五六年一遇；出现重型干热风6年，每十年一遇，可见莱阳属于轻干热风区。

表3　莱阳1951—2019年轻、重干热风出现日数及频率

项目	5月16日—5月25日		5月26日—6月5日		6月6—15日		合计	
	轻	重	轻	重	轻	重	轻	重
总日数/d	9	3	36	13	32	16	77	32
年平均/d	0.1	0	0.5	0.2	0.5	0.2	1.1	0.5
年最多日数/d	3	2	3	3	4	2	9	4
频率/%	12	9	47	41	42	50	100	100
出现年数/年	5	2	25	9	21	14	36	18
年频率/%	7	3	36	13	30	20	52	26

从受害年型（表4）看，干热风轻型年，其遭受的干热风过程大多影响小麦灌浆初期，小麦千粒重略有下降，危害较轻；干热风重型年，小麦遭受的干

热风过程在灌浆中、后期，导致小麦灌浆速度减慢，籽粒空秕率高，千粒重下降。莱阳素有“十年九春旱”的说法，而干热风常伴随干旱发生，这会加重干热风的危害。如2005年，干旱发生时段在6月3—18日，与干热风过程迭加，其千粒重仅为20.60 g。

表4　不同干热风年型小麦千粒重减产受害程度（品种为烟农系列）

年份	干热风过程	干热风年型	小麦生育期	小麦千粒重/g
2005	6月11—13日	重型	乳熟期	20.60
2006		无		43.40
2007	5月26—27日； 6月8日	轻型	灌浆初、中期	39.20
2014	5月26—31日	轻型	灌浆初期	39.40
2016		无		42.50
2017	5月28—30日； 6月8—9日	重型	灌浆初、中期	33.90

3.2　雨后青枯型干热风

雨后青枯型干热风，出现在小麦的乳熟中后期，即小麦收获前10 d，遇降雨后猛晴的高温天气，造成小麦青枯逼熟，使小麦籽粒灌浆不足，千粒重降低而减产。

表5　莱阳1951—2019年小麦雨后青枯型干热风出现日数及频率

项目	6月6—10日	6月11—15日	合计
出现日数/d	4	7	11
出现频率/%	36	64	100
年频率/%	6	10	16

表5统计表明，近70年，莱阳有11年发生了小麦青枯型干热风天气，年频率为16%，平均每6年一遇，多发生在6月11—15日，占比64%。从小麦发育敏感期考虑，相较高温低湿型干热风危害，雨后青枯型干热风对莱阳小麦生产造成的危害要小些。

4 小麦干热风防御对策

应根据本地干热风发生发展的气候特征，加强小麦扬花灌浆期干热风气象灾害的预报预警机制服务建设，及时采取措施应对干热风对小麦的危害。

4.1 巧浇麦黄水

在小麦成熟前10 d左右浇一次麦黄水，可以明显改善田间小气候条件，减轻干热风危害，并有利于麦田套种和夏播。据观测，浇麦黄水后，可使麦田近地层气温下降2℃左右，小麦千粒重提高0.8～1.0 g。

4.2 叶面喷肥

在小麦开花至灌浆初期，用1%～2%尿素溶液、0.2%磷酸二氢钾溶液、2%～4%过磷酸钙浸出液或15%～20%草木灰浸出液进行叶面喷肥，每亩每次喷洒20～100 kg，可以加速小麦后期的生长发育，预防或减轻干热风危害。

4.3 叶面喷醋

在小麦灌浆期，用0.1%醋酸或1∶800食醋溶液叶面喷洒，可以缩小叶片上气孔的开张角度，抑制蒸腾作用，提高植株抗旱、抗热能力；同时醋酸（食醋中含有4.5%左右的醋酸）能够中和植株在高温条件下降解产生的游离氨，从而消除氨对小麦的危害。

4.4 叶面喷激素

在小麦扬花到灌浆期，每亩喷1 000倍石油助长剂溶液50 kg，能防御干热风，增加千粒重，平均增产7.8%；在小麦灌浆前，每亩喷40 mg·kg^{-1}萘乙酸溶液50 kg，能增加千粒重；在小麦灌浆期，每亩喷60 mg苯氧乙酸溶液25 kg，也能防御干热风，增加千粒重。

5 结论

（1）莱阳干热风有集中出现的特点，集中出现的干热风日有90个，占83%。

（2）莱阳干热风主要发生在6月前半月，其中重干热风主要集中在6月6日至6月15日，占比50%，对平原区冬小麦灌浆中、后期危害最大。

（3）莱阳属于轻干热风区。结合小麦发育敏感期，雨后青枯型干热风比高温低湿型危害小些。

（4）在实际生产中，可采取加强监测预警、适时灌溉、运用化学试剂、品种选择等防御对策来指导服务小麦生产。

参考文献

[1] 北方小麦干热风科研协作组．小麦干热风[M]．北京：气象出版社，1988．

[2] 唐华仓．小麦主要产区生产能力比较分析[J]．河南农业科学，2008(6)：40–43．

[3] 罗润生，王洪岩．气候条件对沈阳地区玉米产量的影响[J]．安徽农业科学，2008，36(14)：5812–5813．

[4] 翟治国，姜燕，李世奎，等．QX/T82–2007 中华人民共和国气象行业标准，小麦干热风灾害等级[S]．北京：气象出版社，2007．

[5] 北方小麦干热风科研协作组，张廷珠，卢皖，等．小麦干热风气象指标的研究[J]．中国农业科学，1983，16(4)：68–75．

莱阳市1981—2019年气象灾害分析

李永华　梁　骋
（莱阳市气象局，莱阳　265200）

【摘要】本文通过分析莱阳市1981—2019年气象灾害统计资料，研究其气象灾害的时空分布，阐述了气象灾害的危害、成因、等级及防御对策。

【关键词】莱阳市；气象灾害；灾害评估；防御对策

气象灾害是指对农业生产产生不利影响，并造成危害和经济损失的各类天气和气候事件总称，是自然灾害中最为频繁而又严重的灾害。

1　资料与方法

1.1　地理环境及气候特点

莱阳市位于山东省东部，胶东半岛中部，临黄海丁字湾。地处北温带东亚季风区，属大陆季风型半湿润型气候，具有光照充足、四季分明、春季风多易旱、夏季炎热多雨、秋季昼暖夜凉、冬季寒冷干燥的特点。全年平均降水量为655.6 mm，年平均气温为11.6℃，年平均相对湿度为73%，年平均日照时数为2 609.5 h，年平均风速为2.8 m·s^{-1}，全市平均无霜期为173 d。主要气象灾害有暴雨、干旱、大风、冰雹等。

1.2　资料来源和研究方法

选用莱阳市国家气象观测站1981—2019年月报表中记载的有关重大灾害性、关键性天气，持续时间长的不利天气影响的资料以及当地民政局、市政府、抗旱指挥部等提供的资料。研究方法是统计分析方法。

2 结果与分析

2.1 气象灾害年际变化分析

图1显示，莱阳市在1981—2019年除1986年无灾害出现外，其余年份均出现灾害，其中1982年出现灾害次数最多，21世纪头10年出现次数较多。

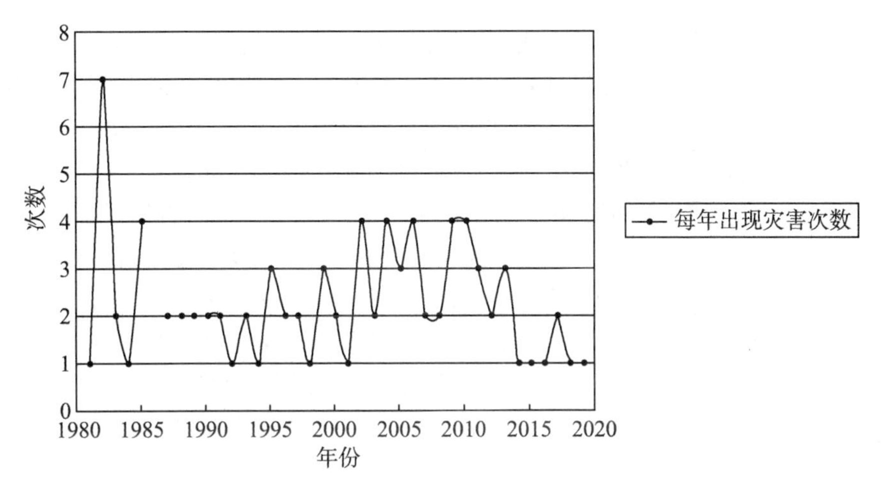

图1 1981—2019年莱阳市气象灾害发生频次

2.2 气象灾害月变化分析

由图2可见，莱阳市在1981—2019年的灾害主要出现在7—9月，占比47.5%。8月出现最多，占22.1%，其次是7月和4月，各占15.6%。

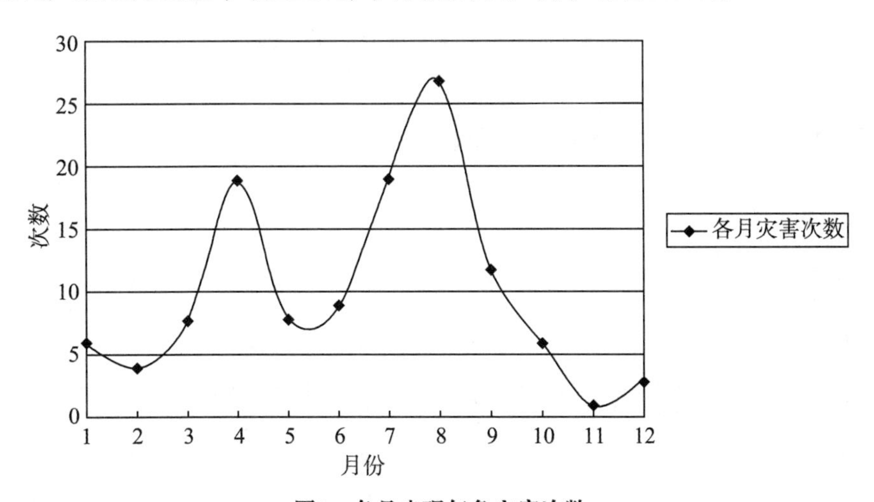

图2 各月出现气象灾害次数

2.3 各种灾害发生频次分析

2000—2019年，莱阳风灾出现频次最多，占比31.3%；然后依次是干旱占比23.5%，暴雨洪涝占比19.6%，冰雹占比13.7%，连阴雨占比3.9%，低温冻害占比5.9%，霜冻占比2.0%。

2.4 莱阳近20年气象灾害评估分析

因年代物价差异较大，仅对2000—2019年的气象灾害进行评估（表1）。依据最新气象灾害评估分级处置标准，按照人员伤亡、经济损失大小分为以下四个等级。特大型：因灾死亡100人（含）以上或者伤亡总数300人（含）以上，或者直接经济损失10亿元（含）以上。大型：因灾死亡30人（含）以上100人以下，或者伤亡总数100人（含）以上300人以下，或者直接经济损失1亿元（含）以上10亿元以下。中型：因灾死亡3人（含）以上30人以下，或者伤亡总数30人（含）以上100人以下，或者直接经济损失1 000万元（含）以上1亿元以下。小型：因灾死亡1人（含）以上3人以下，或者伤亡总数10人（含）以上30人以下，或者直接经济损失100万元（含）以上1 000万元以下。按照上述标准，莱阳无特大灾和大灾，达到中灾24次，其中暴雨洪涝8次，风灾6次，冰雹5次，低温冻害3次，干旱2次。举例如下：① 2007年8月10—12日，我市连续3 d持续性暴雨天气，致使9个乡镇受洪涝灾害，受灾人口为156 700人，直接经济损失达1 424万元。② 2012年受局地热对流影响，5月26日17时45分至18时25分，两个乡镇出现冰雹天气，果园受灾面积为2266 hm^2，小麦受灾面积为200 hm^2，绝产面积为210 hm^2。受灾人口达28 000人，直接经济损失9 600万元。2015年截至7月16日，全市18个乡镇受不同程度旱灾影响，

表1 莱阳市2000—2019年气象灾害发生次数和等级

灾害等级	暴雨洪涝	冰雹	风灾	干旱	低温冻害	霜冻	连阴雨
特大灾							
大灾							
中灾	8	5	6	2	3		
小灾	2	1	7	2		1	
其他		1	3	8			2
合计	10	7	16	12	3	1	2

共造成21 569.3 hm^{2}农作物受害，受灾人口达302 931人，直接经济损失为9 143.3万元。③ 2002年4月25日，莱阳市出现低温冻害，苹果、梨受灾面积为6 800 hm^2，绝产3 800 hm^2，总经济损失约达8 000万元。以上均达中型气象灾害标准。小灾13次，其中风灾7次，洪涝和干旱各2次，冰雹和霜冻各1次，如2009年4月16—17日，莱阳市出现霜冻天气，时正值盛花期的梨、大樱桃遭受冻害，受灾面积为1 216 hm^2，直接损失达620余万元。

3 气象灾害成因分析

莱阳市的暴雨具有明显的季节性、重复性、突发性，引起洪涝使农田积水，淹没了全部或一部分作物，使作物倒伏、折断、生长发育受阻、产量降低，甚至绝收。主要出现在7—9月。

雹灾具有明显的季节性、局地性，是从强对流云中降落到地面的冰雹砸在植物、畜牧禽和农业设施上造成损伤和破坏的现象，多由局地强对流天气引起。多出现在5—9月。

低温冻害是受冷空气和寒潮侵入导致连续多日气温下降，使作物因环境温度太低而遭受损伤并最终造成作物产量大幅度降低，造成农业减产的农业气象灾害。多出现在1—4月。

霜冻是日最低气温下降使植物茎叶温度下降到0℃或以下，使正在生长发育的作物受到冻伤，从而导致减产、品质下降或绝收的灾害。其均出现在4月。

风灾是大风强度较大，使农业设施、电力及其他设施遭受严重破坏，导致小麦、玉米等作物出现大面积倒伏，折断植株茎秆，使其无法正常生长发育，对农作物的品质和产量产生严重影响的气象灾害。风灾在春季多由冷空气引起，在夏季多伴有暴雨天气，多发生在3—9月。

连阴雨指连续几天到几十天为阴雨天气，因长时间缺少光照，使空气和土壤长期潮湿，日照严重不足，影响作物正常生长。当处于农作物成熟收获期时，连阴雨可造成果实发芽霉烂，使农作物产量和质量遭受严重影响。多出现在6—9月。

4 气象防灾减灾对策

（1）进一步提升气象预报能力。预报是农业减灾的重要手段，随着气象事业发展，气象卫星逐步使用，气象预报预测的准确性特别是短临预报的准确性已有了显著性提高，但气象部门更应该提升中长期预测水平。

（2）完善气象灾害预警信息发布与传播体系，进一步完善气象监测网络，大力推广、运用先进的预报预警设备，构建科学、有效的农业气象灾害发布平台，使其覆盖每个角落，确保民众第一时间获取预警信息，确保民众安全生产。

（3）加强气象灾害防御机制，如建设水利工程、加强人工增雨作业建设、改善生态化境。

5 结论

（1）1981—2019年，莱阳市除1986年无灾害出现外，其余年份均出现灾害，且1982年出现灾害的次数最多，21世纪头10年出现次数较多。

（2）莱阳市的气象灾害主要出现在7—9月，其中8月出现最多，其次是7月和4月。风灾出现频次最多，其次是干旱、洪涝、冰雹。

（3）按照最新气象灾害评估分级处置标准，莱阳市近20年无特大灾和大灾，出现中灾24次、小灾13次。

（4）提高预报水平、建立完善的预警发布与传递渠道、加强气象灾害防御机制等，是防御灾害的主要手段。

参考文献

［1］赵仕雄．青海高原冰雹的研究［M］．北京：气象出版社，1991．

［2］刘飞，吕崇健．贵州省主要农业气象灾害及防灾减灾措施［J］．北京农业，2016（5）：132-133．

［3］黄荣辉，张庆云，阮水根，等．我国气象灾害的预测预警与科学防灾减灾对策［M］．北京：气象出版社，2005．

［4］张金凯．湖南省吉首市主要农业气象灾害及防灾减灾措施［J］．北京农业，2014（27）：163-164．

第三部分

气象防灾减灾

烟台市气象灾害预警存在的问题及其思考

黄显婷
（烟台市福山区气象局，福山　265500）

【摘要】本文阐述了烟台市气象灾害预警工作的现状，整理了烟台市气象灾害预警中存在的问题，并借鉴了其他城市在气象灾害预警工作中的优秀经验，提出了烟台市在气象灾害预警工作存在问题的应对策略。

【关键词】气象灾害；预警

近几十年来，全球气候变暖，各类极端灾害性天气事件发生的频次增加。随着我国经济社会的快速发展和人民生活质量的提高，灾害性天气带来的经济损失呈逐年上升的趋势，引起各级政府和社会各界的关注。气象部门全面加强气象灾害预警以及防灾减灾的能力，已取得初步成效，但在推进过程中，也暴露出一些缺陷和不足。烟台市地处东亚季风区，一年四季都可能出现气象灾害，其中主要的气象灾害有台风、暴雨洪涝、暴雪、干旱、大风、冰雹、雷电、霜冻、低温冻害、大雾等[1]，灾害性天气时有发生。灾害预警作为灾害管理的前置环节，具有预见、警示、减缓灾害和避免、化解灾害风险的功能，因此探索建立有效的城市气象灾害预警机制，对提高烟台市气象灾害预警能力具有重大的现实意义。

1　气象灾害预警工作情况

近年来，烟台市气象部门不断完善气象灾害预警以及防灾减灾能力建设，建成了地面自动气象站和自动雨量站为主体的城市中尺度天气监测网，极大地提高了地面气象要素监测的时空精度；新一代多普勒天气雷达加大了烟台市对突发性、短历时强天气如雷暴、局地暴雨、冰雹、雷暴大风等的监测和预警能力，使得城市气象预报预警服务的精细化水平得到极大提高[2]。

与此同时，灾害预警预报信息发布手段不断丰富，目前烟台市已建成包括电视、电话、短信、电子显示屏、微博、微信以及手机App在内的灾害性天气预警信息发布平台和信息发布渠道，使气象信息特别是气象灾害预警信息得以快速传播。

另外，气象部门与其他政府部门（如应急办、防汛抗旱指挥部）建立起了气象灾害应急联动机制和灾害防御规划管理协调保障机制，实现了多手段无间隙的灾害预警发布以及多渠道传播，在突发公共事件应对中发挥了重要作用。

2 气象灾害预警中存在的问题

2.1 部分重点区域缺少气象灾害监测设施

目前烟台市的气象监测系统中，气象观测台站主要按照天气尺度和行政区域分布设置，其探测的范围、密度、精度以及观测项目、种类较完善，但一些重点区域、灾害易发区的气象要素的监测设施分布不够全面[3]。比如烟台市冬季受冰冻灾害影响最严重的部门包括电力、交通、通信等，然而气象灾害预警信号体系相对单一，根据颁布实施的《突发气象灾害预警信号及防御指南》，气象部门发布的道路结冰预警，因为没有具体诸如路面结冰厚度等观测数据支撑，预警的准确性和针对性还有所欠缺。

2.2 极端灾害性天气预测预报技术方法有需加强

多数强对流气象灾害具有突发性、连锁性和敏感性的特点。例如，局地强冰雹发生过程时间很短、落区不确定性强，因此对其进行准确预报有一定难度，导致预警信息发布时间的提前量较小。另外，对于气象灾害的次生和衍生灾害，本市缺乏系统全面的研究，导致灾害预警不够全面、准确，预警信息精细化程度和针对性不是特别高。受中小尺度灾害性天气短时临近预备能力的限制，一些区县气象部门发布预警信号经验不足，容易出现错失预警发布最佳时机的情况。

2.3 难以系统获取气象灾害综合信息

对城市气象灾害可能发生的潜在后果进行科学、准确的评估，是有效防灾减灾的前提。烟台市灾害风险评估工作在各个部门中较为分散，共享和交换灾害信息数据、分析评估报告还未形成系统，给灾害风险评估管理、操作带来一定的难度，气象部门往往很难及时、全面、准确地收集来自各方面的风险信息。[4, 5]由于缺乏对预估气象灾害影响的系统性研究，导致灾害预警信息难以清楚地给出灾害发生的具体区域和影响，因此提出防灾减灾建议比较笼统，缺乏针对性。

2.4 部分社会公众对气象灾害预警认识不足

除此之外，社会公众对灾害预警认知也存在一定欠缺。社会公众是灾害预警的受益群体，也是预警能否真正发挥作用的关键检验对象。但是，现在部分民众对灾害预警以及防灾减灾的认识水平不够，一部分群体和公众缺乏对灾害危机的判断以及有效的灾害应对技能，对气象专业名词和术语感到陌生，对各类预警信号所代表的含义以及危害不够了解。在面临突发的气象灾害时，预警信息往往很难发挥其应有的作用。

3 气象灾害预警工作中存在问题的改进建议

取得好的气象灾害预警工作效果的前提是，获取准确及时的气象观测数据。在完善和优化烟台市气象综合观测系统结构和布局，实现对重点区域主要灾害的全天候、精细化立体监测的基础上，根据烟台市发展和分布的实际需要，还需要重点加强城市道路、高速公路、易涝点、重点景区等的气象监测设施建设。可以探索与其他部门建立联合监测、实时分享的机制，使气象部门及时获取除气象观测站点以外区域的实时气象灾害情况，能够及时捕捉到灾害发生、发展的情况，对准确地发布气象灾害预警有较强的实际意义。

提升烟台市对突发性气象灾害的预报预警能力，在加强重大天气监测预报的基础上，进一步加强全球气候变暖背景下对极端天气气候事件预测预报技术方法的研究，特别是结合烟台市强对流天气发生发展的规律，充分认识气象灾害发生演变的规律，以增强对气象灾害预测和预警的准确率，做好针对突发性强对流天气的短临预报预警工作。除此之外，还应对烟台市重大天气发生与其衍生灾害等之间的诱发与作用关系进行研究，提出有针对性的防御策略。

对于气象灾害数据的收集、传递、共享等较为分散的问题，可以建立一个畅通、反应迅速的全市灾害预警综合信息分享平台，提高各防灾减灾部门之间的信息收集、传递和共享交换能力，以便对气象灾害预警以及决策和管理做出科学、准确和及时的风险评估[6]，使气象部门通过对未来灾害风险的判断，提高预警信息的准确性和全面性。气象灾害风险评估也是整个灾害预警及应急管理工作开展的前提。

许多城市十分重视公众气象防灾意识宣传和救灾知识普及。针对部分公众存在对气象灾害预警认识以及风险意识较弱的问题，可以与其他部门合作，针对不同群体开展形式灵活多样的科普宣传以及防灾演练工作，使大家有意识、会自救、能互助。另一方面，要大力发展志愿者队伍，针对不同人群建立形式多样的志愿者队伍，以应对气象灾害风险。

4 结语

城市气象灾害预警与防灾减灾，是一项复杂的社会系统工程。与大多数自然灾害一样，城市气象灾害通常是由不可抗的自然力引发的。当我们通过不断完善气象灾害监测设施，加强针对极端天气气候预测预报技术方法的研究，建立气象灾害综合信息分享平台以及加强气象灾害预警科普宣传，提高防灾意识和能力，就能够提高城市应对和减轻气象灾害影响的综合能力。

参考文献

［1］高鹏，王婷婷，刘娟，等．烟台市气象灾害对农业生产的影响和防御对策［J］．中国农业信息，2017（13）：24-26．

［2］高惠瑛，王璇．我国城市灾害预警系统建设的思考［J］．灾害学，2010，25（1）：321-324．

［3］洪凯．应急管理体制跨国比较［M］．广州：暨南大学出版社，2012．

［4］康琪．地方政府一体化灾害预警体系构建研究——以江苏为例［D］．南京：南京邮电大学，2012．

［5］黄雁飞．我国重大气象灾害应急管理体系的研究［D］．上海：上海交通大学，2007．

［6］兰宗宏，石金伟，赖建梁．气象防灾减灾工作中存在的问题及对策［J］．农村实用技术，2019（11）：112-113．

烟台地区台风灾害综合防灾减灾研究

林婧君
（烟台市牟平区气象局，牟平 264100）

【摘要】台风灾害是全球发生频率最高、影响最严重的一种自然灾害，是当今人类生存和发展所面临的重大全球性问题之一。2019第9号台风“利奇马”10日01时45分前后在台州温岭城南镇沿海登陆，11日20时50分前后在青岛市黄岛区附近沿海再次登陆，给浙江、安徽和山东等省造成了巨大经济损失甚至是人员伤亡。本文通过对“利奇马”的台风过程与气象服务情况进行分析与概述，提出了建设防御体系的建议。

【关键词】台风“利奇马”；防灾减灾；应急机制

灾害是对所有造成人类生命财产损失或资源破坏的自然和人为现象的总称。[1]自然灾害是指发生在生态系统中的自然过程，目前，自然灾害是全世界极为关注的全球性问题，其中近70%的自然灾害是由气象灾害引起或引发的。气象灾害具有种类多、发生频率高、影响范围广、持续时间长、次生灾害严重、经济损失大的特点。[2]针对气象灾害的防御与应急措显得尤为重要。

烟台地区位于山东半岛东北部。据统计，2010年至今烟台地区受到的产生经济损失的气象灾害以冰雹、台风、干旱和暴雨洪涝为主。根据气象灾害特征、致灾因子和天气现象类型等因素将我国气象灾害分为七大类[2]，其中台风灾害是全球发生频率最高、影响最严重的一种自然灾害，是当今人类生存和发展所面临的重大全球性问题之一。因此，对台风灾害损失和风险进行定量评估一直是防灾减灾工作的重要内容之一。本文通过分析台风“利奇马”对烟台地区的综合影响以及灾情的典型个例，总结其灾害特点及应急情况，提出了进一步提高防台风灾害能力的建议。

1 台风灾害对烟台地区经济社会的影响

1.1 烟台地区概况

烟台地区位于山东半岛东北部，南邻黄海，北濒渤海，是重要的港口、贸易、旅游城市。全市总面积1.37万km^2，其中市区面积2 722.3 km^2。海岸线曲长702.5 km。烟台市域内中小河流众多，源短流急，暴涨暴落，属季风雨源型河流。烟台的海洋生物资源丰富；港口众多，是环渤海地区的重要港口城市，2018年规模以上港口货物吞吐量44 308.01万t。

1.2 近年来台风灾害情况

2010年至2019年，共有4次台风过程给烟台地区造成了经济损失（本文数据来源于灾情直报系统）。其中，2011年的第9号台风“梅花”给烟台市造成的经济损失最大，给海阳造成了11 285万元的经济损失；2019年第9号台风“利奇马”给烟台市造成7 300万元的经济损失，主要以农业损失为主。

2 台风“利奇马”概况

2.1 路径与特点

2019年第9号台风“利奇马”于8月4日14时在西北太平洋生成，于6日02时加强为强热带风暴，7日05时和23时加强为台风和超强台风，10日01时45分前后在台州温岭城南镇沿海登陆，登陆时中心附近最大风力为16级（52 $m \cdot s^{-1}$），中心最低气压为930 hPa。“利奇马”登陆浙江后向偏西北上穿过浙江和江苏地区，10日03时、06时、09时、20时先后减弱为强台风、台风、强热带风暴和热带风暴。于11日上午12时于连云港附近进入黄海。11日20时50分前后，在青岛市黄岛区附近沿海再次登陆，登陆时中心附近最大风力为9级（23 $m \cdot s^{-1}$），中心最低气压为980 hPa。13日08时减弱为热带低压。

2.2 台风“利奇马”对烟台地区的风雨影响

受第9号台风“利奇马”和东亚大槽共同影响，此次属于台风外围影响降水过程，具有持续时间长、降水时空分布均匀等特点。10日20时到13日06时，烟台市普降暴雨，局部大暴雨。全市平均降水量达82.1 mm，15站达到100 mm以上，117站达到50 mm以上，最大降水出现在海阳朱吴为185.8 mm。烟台沿海海面风力最大时段出现在11日16—21时，风向为偏东风，风力达9～10级、阵风11级，陆地风力6～7级、阵风8～10级。

2.3 台风“利奇马”造成的灾害损失

2.3.1 烟台地区灾害损失

烟台市包括蓬莱、牟平、昆嵛区、莱阳、龙口、海阳6个区市共40个乡镇（街道）遭受台风灾害，受灾人口65 507人；农作物受灾面积13 872 hm^2，其中，成灾面积6 226 hm^2，农作物绝收面积349 hm^2；直接经济损失达7 300万元，其中农业经济损失7 290万元，基础设施经济损失10万元。

通过对灾情数据的分析（图1、图2）可知，台风“利奇马”给烟台地区带来的主要经济损失是农业经济损失，农业经济损失占到99%，基础设施经济损失只占少部分。台风带来的大风天气造成玉米等农作物倒伏，果树减产，甚至造成海阳、牟平等地一定面积的农作物绝收。

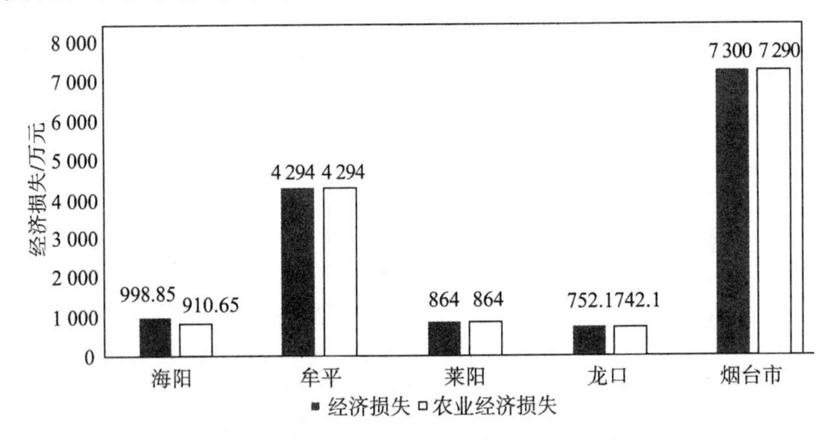

图1 台风“利奇马”造成烟台市经济损失与农业损失

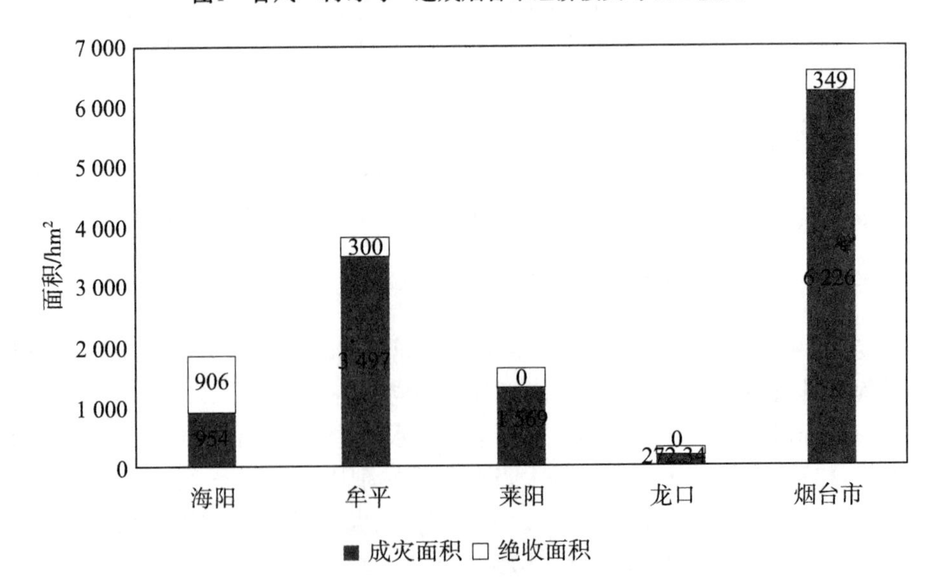

图2 台风“利奇马”造成烟台市农业成灾面积与绝收面积

2.3.2 其他地区灾害损失

“利奇马”在浙江台州沿海登陆，为浙江省带来了一次深厚台风本体降水过程[3]，具有范围广、总量大、局地雨强极端的特点。给浙江多市造成了电力中断、交通阻断、水利工程损坏、农业受灾、城镇内涝、地质灾害等严重灾情：台州市受灾人口372.3万人，农作物受灾面积11.1万hm^2，绝收面积2.13万hm^2，倒塌房屋4 107间，严重损坏房屋9 154间，直接经济损失达251.28亿元；舟山市全市受灾人口60.07万，农作物受灾面积6 275.63 hm^2，成灾面积3 923.43 hm^2，其中农作物绝收面积1 971.9 hm^2，毁坏耕地面积8.5 hm^2。沿海水产养殖受灾面积307.1 hm^2，7间房屋倒塌，61间房屋严重损坏，一般损坏房屋1 411间，造成直接经济损失达10.44亿元。

山东省受长时间维持的台风东北侧低层急流、高空槽和台风倒槽结合影响，10日白天至11日夜间出现持续性较强降水，其中东营市受灾人口共计50.93万人，农作物受灾面积11.67万hm^2，成灾面积8.19万hm^2，绝产面积1.48万hm^2，房屋倒塌共计677间，造成直接经济损失达24.57亿元。

3 气象服务概况

在防御台风气象灾害服务中，预报准确是核心，及时发布预警信息、提供优质高效的服务是关键。烟台市气象局8月9日11时30分启动了重大气象灾害（台风）预警防御Ⅲ级应急响应，于8月10日16时00分将气象灾害（台风）Ⅲ级应急响应提升为Ⅱ级，烟台所有区市均发布了台风黄色预警信号；牟平、海阳、栖霞发布了暴雨红色预警信号，长岛发布了暴雨蓝色预警信号，其他各区市均发布暴雨橙色预警信号。以《重要天气报告》的形式对有关政府部门进行决策服务，报送重大天气信息，预报天气发展趋势，提出决策建议。在台风影响的关键期，加密发送最新雨情报告，每两小时向政府决策部门提供一次《9号台风“利奇马”影响情况》，介绍天气实况与台风当前位置、强度以及未来的发展趋势。通过传统媒体广播电台、电视台与抖音等新媒体向公众播报常规预报。

4 灾后应急措施的启示与防灾体系建设的建议

总体来讲，此次防汛防台风工作超前开展，气象系统提早发布预警信息，防御充分，预警效果明显；防汛指挥体系高效运转，各级各部门协同作战，及时开展抢险救灾行动，无明显灾害发生；灾后及时出台灾后重建补助政策。但台风防灾减灾工作中仍然存在水利、应急、气象等部门数据共享机制不健全等问题。[4]下一步应尽快研究解决暴露出来的薄弱环节和问题。

（1）继续提升信息化水平。水文部门拥有更密集的区域降水量测站，而气象系统的数据更为精确，在此前提下，应继续开展“一张图”等基础工作，协调水文与气象部门解决空间基准不统一、数据标准各异等雨水情数据共享问题。

（2）继续提升监测预警能力。为了减轻国家和人民生命财产的损失，必须建设好气象灾害的监测和预警系统，提高台风降雨与大风预报监测的精度，不断改进天气、气候变化监视手段，使信息采集及时、分析准确、效率高，为减轻和防御气象灾害赢得宝贵时间。[2]

（3）做好灾后信息。收集和整理灾情资料，建立本地化的台风灾情资料库，加强对台风灾害的经济损失和社会效应的评估研究，建立科学的灾害评估方法。

（4）加强宣传手段。不局限于广播电台、电视台等传统媒体，应与时俱进充分利用微博、公众号等新兴传播媒介，及时、准确地向民众传递实时预警信息，提高全民防灾意识和防灾知识，掌握防灾技能，减少灾害损失。

参考文献

［1］彭珂珊．我国主要自然灾害的类型及特点分析［J］．北京联合大学学报，2000（9）：59-65．

［2］郭进修，李泽椿．我国气象灾害的分类与防灾减灾对策［J］．灾害学，2005，20（4）：106-110．

［3］娄小芬，马昊，黄旋旋，等．台风“利奇马”造成浙江极端降水的成因分析［J］．气象科学，2020，40（1）：78-88．

［4］王海军，冯平，王豪．山东省防御台风“利奇马”主要经验及思考［J］．中国防汛抗旱，2019，29（11）：16-18．

气象防灾减灾和服务平台研究

滕学毅
（长岛县气象局*，长岛　265800）

【摘要】本文通过对气象服务平台的研究，提出完善和改进气象服务平台各项功能的意见和建议，以期提高预报和预警的反应速度和准确性，为未来做好气象防灾减灾工作提供参考。

【关键词】防灾减灾；预报预警；平台

气象工作纷繁复杂、包罗万象。其既有常规的预报，又有专项气象服务；既有实况资料，又有对未来天气趋势的分析和研判。在巨量的工作中，核心是防灾减灾。防灾减灾工作的重中之重就是把未来的天气准确预报出来，再按规定，以预报预警等不同的形式发布到用户手中。预报预警的制作与发布就要用到各种各样的服务平台，既包括对外做预报用的，也包括对外服务用的。

1　预报预警

预报预警，简单地说，是一种未来天气的发布类型，在基层是以预警信号的方式发布的。就是预报员把对未来天气的变化，按规定以天气预报的形式或天气预警的形式发布出去，为决策部门提供较为准确可靠的气象信息，为防灾减灾起到发令枪和指挥棒的作用。

其发布渠道和发布形式多种多样。从渠道上来讲，包括电话、12121、电子显示屏、传真、各种电子邮件、手机短信、微博、微信、QQ、电视、广播、报纸等。发布形式也是多种多样，包括呈阅件，重要天气报告，警报，预报，信息周（月、季、年）报，专项预报等。

1.1　预报

预报，广义上讲，包括预报制作和预报内容。预报制作，如果从防灾减灾

* 截至目前，仍沿用“长岛县气象局”这一名称，下同。

的角度出发，应该做精细化预报，主要包括精细的时间、精细的范围和精细的天气现象预报。比如，大风预报，就应该预报出较为准确的风向变化、风力变化、大风覆盖的地域、大风的起止时间等。对于长岛这个海岛来说，大风的精细化预报对于防灾减灾有着相当重要的作用。

预报中存在的突出问题是遇恶劣天气和变化明显的天气时，大量的天气信息无法通过预报来进行描述。例如，一天中，风向由东南风转东北风再转西北风，而风力由6级增强到6～7级阵风8级，再减弱到5～6级，再短时增强到6～7级，然后再回落到5～6级，快速变化的风向与风速交织在一起。

1.2 预警

从广义上讲，预警也是预报，是预报中等级最高的形式，需天气过程达到规定的时间、强度和范围，比较重大和紧急，归根到底就是其危害性大、致灾的可能性大。预警可以说是气象防灾减灾中的最后一道门槛。

1.3 预报和预警中存在的主要问题

预警信号存在的最大问题是预报分析能力与天气变化越来越异常之间的矛盾，换句话说，是预报能力与实况和评分与服务之间的矛盾。预警信号是用来为决策部门和人民生产生活提供安全保障的，是预报服务的一种方式，既然是预报，就存在误差甚至错误，这就对生产生活和经济发展带来不利的影响。为了提高准确率，许多预警信号往往是在天气现象即将出现或已经出现后才发布，这样评分往往比较高，但服务效果却受到影响，如果提前发布，准确率就会明显下降，评分就低。随着天气越来越异常，天气预报的准确性将受到极大的考验。目前，在气象科技无法完全解决预报准确性的情况下，解决预报和预警服务与评分这一对矛盾是当务之急。

2 服务平台

所谓平台，从狭义上讲，应该是一个集成了众多功能的软件集合体。从广义上来讲，只要有一定的功能都可以称之为平台。气象的平台很多，尤其是近几年，随着气象科技的进步，各种平台层出不穷，功能强大，各有所长。气象服务平台应包括对内为预报员服务的平台和对外为用户服务的平台两部分。

2.1 对内服务的平台

内部的各种平台为预报的制作提供了重要的信息来源，是预报员必需的平台。其主要包括两部分。一是预报类平台，主要包括各种模式的数值预报产品平台，直接指导预报员制作天气预报和预警，包括高空、地面、各种物理量场等；二是数据类平台，主要包括各种天气实况，以高空、地面各种天气要素为代表，同时也为各种预报模式提供初始场。这些数据是制作预报和预警最基础和最基本的东西，实况为王的说法永远是正确的。例如，烟台市气象局最著名、最常用和最好用的155综合平台，山东省气象局的217灾害性天气监测预警平台。

2.2 对外服务的平台

对外服务的平台，从广义上来讲，包括短信发布、电子邮件、预警信号的制作与发布等。目前，使用频率较高的主要是国家突发公共事件预警信息发布平台、山东省气象业务一体化平台、电子显示屏发布平台以及短信发布平台等。这些平台的主要功能是对外进行服务，也就是将制作好的预报预警产品发布到决策部门和用户手中。当然，有的平台也具备实况、监测和预报功能，例如，山东省气象业务一体化平台。

2.3 平台的优缺点

2.3.1 优点

大量的平台为预报员提供了丰富的气象信息，可以说，几乎涵盖了所有的实况和预报要求，为制作预报和预警奠定了基础，是预报员的重要工具。没有这些平台，预报员就不可能制作预报和预警信息，也无法将这些信息发布到相关的部门和用户手中。

2.3.2 问题

目前，各种平台种类繁多、不一而足，增加了察看的难度和时间。

另外，各种平台都存在着这样或那样的问题，各个平台的功能不全面或不够细致，不能满足各地对于气象信息的个性化需求，因为各地对于气象减灾方面的关注点不同，要求与就不同。但一个真正好的平台，必须能够满足所有的需要。例如对于长岛这个海岛来说，除了同陆地一样关注暴雨、暴雪和雷电等气象灾害外，还需格外关注大风和海雾对于海上交通、渔养生产和捕捞等的巨大影响。

2.3.3 平台的发展趋势

造成目前平台不完善的最根本原因是缺少既懂得预报又懂得编程的复合型人才。因为对预报预警和防灾减灾气象服务来讲，平台的主要使用人员是预报员，但绝大部分预报员不懂编程，而懂编程的人员基本都不懂做预报。

一个完整和完善的气象服务平台应该由两大部分组成。一部分是对内为预报员制作预报和预警的内部信息平台，它应该包括所有的数值预报产品、天气实况和数据监控。这一平台的要求是，数据要能够及时更新并保持稳定，监控功能要齐全，而且能够按要求提供个性化的参数设置和调整，比如预警指标方面，长岛与其他地方有差异，要能够根据长岛的需求进行设置，同时，必须要具备声音提醒，达标数据显示（包括出现的时间、地点、区站号、相应的天气类型和级别、对应的预警信号的类型和等级等），后台的记录留痕等功能，还要对等级和类型进行可选择性的更改和调整，如调整要监控的时间段、天气类型和等级、是否继续监测或变更等等。另一部分是对外服务的信息制作和发布平台。它应该包括预报和预警信息的制作和文本及短信的发布功能。

在这方面，山东省气象局制作的山东省气象业务一体化平台已经具备了一定的雏形，功能比较强大，但在许多细节方面还需要进一步补充、调整和完善，以达到适应和适合所有台站内外双向工作的需求。

未来的平台应该是自动化的，一边连接着数据库，实时获取相关的气象数据信息，通过AI（人工智能）进行初步判断，由平台直接制作出预报和预警信息，实时提醒预报人员，并把结论交由预报员进行校对，通过综合性的分析和研判，得出最终的结果，平台再自动按相关的流程进行自动发布。这样，信息正确且制作失误率低，反应速度快，为防灾减灾节省了大量的时间；同时，也减轻了预报员的劳动强度，节省下的时间可以用于学习和研究、开发，以提高自身能力，做更重要的工作。

3 总结

防灾减灾是气象工作的组成部分，也是气象工作的重中之重，做好防灾减灾工作是做好气象工作的核心，在决策气象服务和公众气象服务中都占有举足轻重的主导性地位。

预报和预警工作是为气象防灾提供支撑的方式和手段。准确的预报和预警为趋利避害、减少和减轻气象灾害提供了可靠的信息保障。而这一切的基础就是提高预报能力，进而提高预报的准确率。

所有气象服务平台都是为预报和预警工作提供支撑的，是预报和预警工作的基础。好的平台能够提供大量准确、实时、有效、可靠的信息，为预报员分析和研判天气变化、发布预报和预警提供保障。未来，智能化的平台能够真正成为预报员的助手，减轻预报员的工作量，提高预报的精度和准度，缩短预报的制作时间和发布时间，为防灾减灾提供巨大的帮助。

莱阳市农业气象灾害防御现状分析及建议

宋　波
（莱阳市气象局，莱阳　265200）

【摘要】气象灾害具有种类多、发生范围广等特点，会对自然生态环境、工农业生产及人民生命财产造成严重危害。农村防灾力量薄弱，气象灾害对农业的影响尤其明显。本文立足于工作实际，对莱阳市气象灾害防御工作现状及存在的问题进行分析，提出了农业气象灾害防御建议，以期趋利避害，最大限度减少气象灾害所造成的损失，充分发挥气象部门在气象防灾减灾工作中的重要作用，为当地经济发展建言献策。

【关键词】莱阳市；气象灾害防御；现状；防御建议

莱阳市的作物种类繁多，既有小麦、玉米、大豆、花生等主要农作物，也有莱阳梨和莱阳芋头等享誉中外的经济作物，是全国主要的农产品加工出口创汇基地，蔬菜、果品、食用油等农产品在全国都有较高的知名度。随着农村一、二、三产业融合发展的推进，特色农业、设施农业等农业生产经营模式及农产品加工业、生产性服务业等将得到进一步发展，而农业气象灾害对当地农作物的产量和品质均产生了严重影响，是制约莱阳市农村经济发展的重要因素。莱阳市常见的气象灾害主要有暴雨（雪）、低温、干旱、冰雹、霜冻等。严重的农业灾害可造成农作物绝产绝收。例如，2017年1月末开始至6月22日，因降水持续偏少，莱阳市境内出现严重干旱，造成55 171 hm^2农作物受灾，其中成灾面积39 280 hm^2，绝收面积7 270 hm^2，造成农业损失35 426万元。所以，莱阳市农村的气象灾害防御工作尤为重要。

本文对莱阳市农业气象灾害防御工作现状及存在的问题进行了分析，提出了农业气象灾害防御建议，以期趋利避害，最大限度减少气象灾害所造成的损失，充分发挥气象部门在气象防灾减灾工作中的重要作用，为当地经济发展保驾护航。

1 农业气象灾害防御工作现状

2010年中共中央一号文件提出了“要加强农村气象灾害防御和为农气象服务‘两个体系’建设”。2014年中央一号文件明确提出“完善农村基层气象防灾减灾组织体系，开展面向新型农业经营主体的直通式气象服务”。中国气象局在《关于贯彻落实2013年中央农村工作会议和2014年中央一号文件精神的通知》（气发〔2014〕13号）中要求“进一步深化气象为农服务‘两个体系’建设，做好气象服务‘三农’工作”。在上级规范性文件精神的指导下，莱阳市的气象灾害防御工作也取得了长足进步，完成了“政府主导、部门联动、社会参与”的三方协同发力机制建设，气象部门在其中发挥了重要作用。

1.1 政府主导农业气象灾害防御

当地政府高度重视农业气象灾害防御工作，通过《莱阳市人民政府办公室关于切实加强气象灾害监测预警及信息发布工作的通知》《莱阳市人民政府关于加快推进气象现代化建设的意见》《莱阳市气象灾害应急预案》等系列规范性文件，建立起气象与民政、国土资源、住房城乡建设、水利、农业、林业、应急管理等部门联动的气象灾害预警和应急响应机制，并发动社会力量参与农业气象灾害防御。

1.2 部门联动参与农业气象灾害防御

通过气象灾害预警信号的发布，实现部门间的灾害应急响应联动、信息通报共享联动、灾害预报会商联动。譬如，针对莱阳市的丘陵地形地貌特点，气象部门与国土部门建立起联席会商、信息共享制度，多次联合开展地质灾害监测预警，起到良好效果；气象部门积极与环境保护部门沟通，建立重污染天气联合发布机制等。

结合防灾减灾需要和农村特色产业需求，推进部门间数据共享，开展了良好合作。气象部门和农业部门的关系日益紧密，合作建设了气象服务站、农村气象信息员队伍，定期共享气象预报信息和“三农”数据信息，为农业生产提供了针对性服务；和市防办、水利局的合作加深，部门间实现了数据共享，如汛期各乡镇预报信息、自动雨量站数据、汛情、水情；根据本地区雷暴活动和雷电灾害比较频繁的特点，政府制定了《莱阳市人民政府办公室关于加强农村雷电灾害防御工作的通知》。

部门联合开展农业气象灾害防御科普宣传和防灾减灾应急演练。科普宣传是防灾减灾的重要方面，近年来，莱阳市气象局充分发挥人员专业知识技术全面的优势，利用“5・12防灾减灾活动日”“3・23世界气象日”等时间节点，联合民政、水利、林业、农业、应急管理等部门开展了

"防灾减灾知识下乡"活动，提高了农民的气象灾害防御意识和避险防灾能力。

1.3 发动社会力量参与农业气象灾害防御

高度重视社会力量在防灾减灾工作中的地位和作用，积极动员社会力量参与气象防灾减灾救灾工作。一是充分利用广播、电视、网站、电台等各种传播渠道，解决了气象预警信息传输"最后一公里"难题；二是建立了有文化、热心农村农业工作的农村信息员队伍，并定期对其培训，为气象灾害防御工作在农村的进一步推广奠定了群众基础。

2 农业灾害防御亟待解决的问题

2.1 灾害防御法制普及工作有待加强

自2000年《气象法》颁布实施以来，国家相继出台了一系列的行政法规，进一步完善了气象灾害防御体系，莱阳市也根据地方特点制定了一系列防灾减灾文件。农村人口多，部分民众法律意识淡薄，灾害防御法制普及工作有待加强。例如，目前辖区内有莱阳国家一般气象站及多个区域气象站、土壤水分观测站等，承担着气象要素实时观测上传的重任。为了保证设备正常运行，工作人员付出了巨大努力。但在偏远山区，有人为破坏设备的情况发生，严重影响了观测数据的准确性和连续性。所以需要加强法制教育，提高群众觉悟，保障观测设备的正常使用。

2.2 气象灾害综合监测能力及灾害预警水平有待提高

气象灾害监测及灾害预警在气象灾害防御中起着重要作用，是做好气象防灾减灾工作的基础。严密的监测系统和高水准的预报预测系统相结合，可大大提高气象灾害预测预警能力。

目前，气象灾害综合监测能力尚不能满足日益增长的农业气象防灾减灾需求。气象灾害综合监测范围还不够全面，监测能力及数据共享方面也有待加强，实现数据共享的部门还有待进一步扩大。

气象灾害防御工作，重点在"防"，关键是形成预报预警产品，把信息变成信号。随着现代气象预报业务体系的初步建成，县级台站在资料信息共享等方面与上级业务部门的差距不断缩小，在上级业务部门的指导下，业务人员的灾害预警服务水平也得到了大幅提高。目前，县级台站对系统性天气的预报准确率比较高，但对突发性气象灾害的预测预报能力与社会的需求还有差距，尤其是冰雹、雷雨、大风等强对流性天气危害大、局地性及突发性强，发布预警信号的提前量往往比较短，灾害来临时，防御准备时间仓促。

2.3 基层农业气象灾害防御工作的针对性有待加强

农业气象灾害防御是农业气象服务的组成部分和服务重点，面向基层的农业气象灾害防御工作的针对性有待加强，气象防灾减灾信息交流和共享存在薄弱环节，农村防御气象灾害的能力偏弱，缺乏面向农民的系统的气象防灾知识培训和应急处置演练。气象灾害防御针对性不强，不同作物的不同生长期对气象灾害的标准是不同的，应结合本地农业防灾实际需求，积极采取有针对性的、科学有效的农业气象灾害防御措施，尽可能降低农业气象灾害给农业生产带来的危害。

3 农业气象灾害防御建议

农业气象灾害具有范围大、影响面广、损失严重等特点，是防灾减灾的重点和难点。针对莱阳市农村气象灾害防御中的薄弱环节及亟待解决的问题，必须采取切实有效的措施，促进农业生产部门提高灾害防御能力。

3.1 加强气象灾害防御法律体系宣传

针对目前农村气象灾害防御法制普及工作现状，可充分利用电视、微信等媒体，加强法律法规在农村的宣传；采用农民喜闻乐见的形式，结合正反面典型案件，加深农民对法律法规的了解，从而使其能自觉意识到个人在气象灾害防御工作中的责任和义务。

3.2 提高气象灾害综合监测能力及灾害预警水平

提高农业气象灾害综合监测能力，首先要加强观测设施建设，维护保障观测、传输设备的正常使用，用现代化信息技术，保证数据及时无误，对气象灾害发生时间、地点及强度进行实时监测，为灾害防御提供第一手资料。

在现有的气象、水利等监测系统的基础上，按照资源共享的原则，对地质、水文、农业、林业等各部门、各行业农村监测站网进行统筹集约，做到种类齐全、布局合理、立体覆盖、资源共享，实现监测系统建设集约化、综合化，为灾害预报、预警和防范提供更加丰富、准确、及时的监测资料。

气象部门担负着为当地政府提供防灾减灾决策服务的重任，负责当地气象灾害预警信号的发布、解除及传播。所以，气象服务人员应当熟知本地气候特点，密切关注本地天气形势与实况变化，及时与上级业务部门进行天气联防，精准研判，及时服务，实现农业气象灾害预测预报水平的显著提升。

3.3 普及气象灾害防御知识，加强灾害防御工作的针对性

在农村多途径宣传、普及气象灾害防御知识，加深广大农民对于农业气象灾害的认识与了解，充分发挥现代信息传播手段的作用，拓展气象信息公布媒介，构建科学、有效的农业气象灾害防御机制及发布平台，提高气象信息传递的受众范围，让每一个农民都能在第一时间无障碍接收到气象信息，并做好防御工作，以确保农业安全生产。

农业生产具有地方特色，对气象服务的需求有差异。所以，应凸显农业天气预报与专项气象服务等工作的地域特色，提高农业气象服务的灵活性与针对性，更利于气象服务工作的全面发展。

4 结语

在政府的统筹规划下，目前莱阳市已基本建立了公共气象服务体系和气象灾害防御体系。农业气象灾害防御是灾害防御的重点和难点，也是农业气象服务的组成部分和服务重点。实践证明，只有贯彻“政府主导、部门联动、社会参与”的宗旨，形成强有力的防灾减灾体系，实现部门协同、社会参与，才能全面提高农村气象灾害防御工作的能力和水平，实现防灾减灾的综合效益最大化。

长岛灾害预防预警及其防灾减灾策略

冷志松
（长岛县气象局，长岛　265800）

【摘要】中国沿海地区一向是海洋灾害最严重的地带，海岛更是一个灾害频发的典型的生态脆弱带。长岛海洋生态综合试验区是山东省唯一的海岛地区，位于胶东、辽东半岛之间，在黄渤海交汇处，地处环渤海经济圈的连接带，东临韩国、日本。为了保障长岛地区的经济社会可持续发展和人民的生命财产安全，其防灾减灾工作尤为重要。本文根据20年来中国海洋灾害统计资料，对影响我国海岛地区的灾害特征做了类比分析，并对长岛防灾减灾存在的问题进行了系统探讨，在此基础上提出了适合长岛的防灾减灾策略与保障措施。

【关键词】海岛；长岛；灾害特征；防灾减灾策略

中国沿海地区一向是海洋灾害最严重的地带，同时也是世界上最严重的灾害带之一。[1]海岛作为海洋生态系统的重要组成部分，是全球变化和陆海各种动力作用最迅速、最敏感的界面之一，更是一个灾害频发的典型的生态脆弱带。[2]近年来，全球变化和经济全球化，特别是中国东部沿海地区的经济高速发展与快速城镇化，已经使我国海洋灾害的风险特征发生了明显的改变。随着海洋经济的快速发展，海岛作为特殊的海洋资源和环境的复合区域，是海洋开发的重要依托。长岛作为山东省唯一的海岛地区，拥有着丰富的渔业资源和旅游资源，为了保障长岛地区的经济可持续发展和人民的生命财产安全，海岛的防灾减灾工作变得尤为重要。

1　海岛灾害特征

1.1　灾害种类多，发生频繁

海岛地区的灾害种类多。根据主要的致灾因子，海岛地区的主要灾害可以分为气象灾害、地质灾害、海洋灾害、生态灾害等一级类型，并包括20多种二级类型。[3]各种海岛灾害中以海洋灾害为主要影响类型。海岛处于海陆相互作用的动力敏感地带，灾害种类多，表现为不同时空尺度。全球变暖和全球气候异常也导致海岛地区的各类灾害发生的频次和强度大大增加，从时间和空间分布上看，海岛地区每年都有灾、无处不有灾。

1.2 灾害损失严重且呈增加态势

21世纪以来，我国海岛面临更为严重的灾害形式，主要灾害发生呈不断上升趋势，强台风、大暴雨、大风暴潮、海冰等巨灾风险增多，各类灾害给海岛地区的国民经济和人民生命财产造成严重损失。

1.3 灾害地区差异显著

按照海洋灾害空间分布特点，东海区域海洋灾害最严重，风暴潮、海浪及赤潮灾害所占比例均超过全国海洋灾害总数的一半；黄渤海区域灾害种类比较齐全，除在其他两海区也占一定比例的风暴潮、海浪及赤潮外，还有其独有的海冰灾害和温带风暴潮灾害；南海区域辽阔，海洋灾害主要分布在南海的北、中部海区，南部海域海区灾害较少。统计数据表明，海洋灾害损失最严重的省份是广东、浙江和福建，其次是山东、江苏和海南。

1.4 海岛生态灾害发展趋势加快

近10年来，我国海域赤潮频发、危害严重，影响范围也不断扩大。东海海域为我国赤潮的高发区，中国东部几乎所有的海湾都受到赤潮不同程度的影响。另外，由于近年来海上各类生产活动的增加以及海上安全被忽视，使得海洋溢油事件发生呈上升趋势。这些生态灾害给海岛造成了重大的经济损失。

2 长岛存在的海洋灾害问题

长岛地理环境独特，相对孤立地散布于海上，交通不便，基础设施共享性差。与陆地相比，其土地资源、森林资源有限，淡水资源严重短缺，生态系统十分脆弱。再加上目前长岛在海洋灾害基础调查研究、监测技术、预报警报、应急体系和重大灾害的危急处理机制、减灾服务等方面，仍然处于落后甚至空白状态[4, 5]，防灾减灾能力需要进一步加强。

2.1 管理体制和应急救援有待完善

目前，长岛地区的应急指挥系统普遍没有建立，缺少工作经费等问题比较突出；灾害险情和灾情报告渠道不够畅通，应急反应速度不够快，灾害救援装备比较落后；救灾物资储备制度需要进一步完善，关键防治技术相对落后，灾害应急救援能力亟待提高。

2.2 基础设施薄弱，灾害综合检测能力不强

我国尚未建立较完善、广覆盖的海岛灾害监测预警预报系统。长岛地区灾害监测系统的现代化建设水平仍较低，综合监测能力仍不能满足提高灾害预报准确性与时效性的需要。例如，长岛灾害监视监测设备短缺落后，自动化程度低；监测技术、手段有待发展；灾害监测站点稀缺，分布不甚合理；监测数据实时传输能力需进一步增强。这些都在一定程度上制约了长岛防灾减灾工作的深入开展。

2.3 防灾减灾科技支撑能力不足，灾害风险评估空白

长岛地区各种灾害的评估标准还没有完全建立，灾害评估的技术手段还很有限，灾害评估所依赖的监测技术方法还比较欠缺，灾害的危险性评估、灾害过程监测评估及灾后综合评估等许多方面还没有建立多行业、多部门协调评估的工作机制，这种状况不同程度地影响了政府的科学决策、减灾预案的制定和防灾减灾效果。

2.4 防灾减灾宣传教育需进一步加强

加强防灾减灾宣传教育是提高民众防灾减灾意识和技能的有效途径，是防灾减灾系统工程中的一项重要内容，也是综合防灾减灾的应对措施之一。灾害教育措施不得力，防灾减灾的基本知识宣传不足，导致长岛居民对于灾害的警觉性差，缺乏避灾训练，群众缺乏自救、救护的防灾意识和能力，这是我国海岛防灾减灾工作中存在的一个普遍问题。应该树立居安思危、常备不懈的思想观念，开展全民普及宣传教育，提高防灾意识和群众的自护能力，保护广大群众的生命财产安全。

3 长岛防灾减灾策略

3.1 督导基层高度重视，加强长岛的灾害风险评估和信息管理能力建设

充分与基层主管部门配合联动，利用各有关部门的基础地理信息、经济社会专题信息和灾害信息，建设长岛灾害信息共享及发布平台，加强对灾害信息的分析、处理和应用。按照《长岛县突发事件总体应急预案》中防台风、防风暴潮预案及海上应急处置预案有关要求，督促各乡镇主管部门切实提高认识，认真组织好防范工作。

3.2 狠抓关键环节和重点部位安全防范措施落实，加强长岛的灾害综合防范能力建设

加强长岛防灾减灾基础设施建设，实施长岛防风、防浪、防潮工程，重点加强避风港、渔港、防波堤、海堤、护岸等设施建设；加强对海洋工程、港口（码头）、护岸工程等的巡查，搞好薄弱和危险地段加固除险，督促受影响海域作业渔船及时回港避风，落实好养殖设施加固搬迁、沉降，规避风险；统筹做好长岛地区农村和城市减灾以及重点地区的防灾减灾专项规划编制与减灾工程规划，全面提高长岛的灾害综合防范能力。

3.3 加强灾害期间值班备勤，加强长岛的灾害监测预警预报能力

完善长岛与陆地联网的灾害监测预警、预报系统，加强海上救援体系建设。减灾工作应贯彻“以防为主、防抗救相结合”的方针，有必要建立长岛灾害的监测、情报、预报、预警和防御信息网络系统，以增强对灾害的快速反应及科学决策能力，提高减灾实效。例如，在灾害发生期间，严格落实24 h值班制度，明确责任分工，值班人员保证按时到岗到位。

3.4 做好信息传递和报送工作，建立健全长岛的灾害应急指挥救援机制

加强长岛的灾害应急救援指挥体系建设，建立健全统一指挥、分级管理、反应灵敏、协调有序、运转高效的管理体制和运行机制。密切关注海洋预报台发布的预报预警信息，做好信息传递和应急处置情况上报。积极开展汛期应急监测，及时掌握管辖海域海洋环境情况。

3.5 做好科技服务社会工作，加强长岛的防灾减灾科技能力建设

依靠科技，发挥科技在长岛防灾减灾工作中的巨大作用，高起点、高效率、高水平地推动长岛防灾减灾体系建设。一是增加科技投入，提高防灾减灾体系建设中的科技含量。二是加强对外交流，吸收和引进国外先进的科技手段和科技设备，提高防灾减灾工程建设的水平，特别是在洪水预警体系、中尺度灾害性天气预警体系、防震减灾体系建设中，要吸收国外先进技术、先进经验，提高科技含量。三要加强防灾减灾重大技术的攻关，对重大科技攻关项目要发挥科研优势，协同作战，联合攻关，力争在关键项目上取得重大突破，加速科技成果的转化应用。

3.6 发展生态渔业养殖模式，加强长岛净化海洋环境的能力

陆上森林的好处人尽皆知，其实“海底森林”的作用也一样，也可以净化海洋环境。各有关部门应对长岛渔业结构进行大规模调整，严格控制

捕捞量，大力推行生态健康养殖，保证渔业养殖密度不要超出海洋生态可承载能力，同时要大力开发健康养殖，在净化海域生态环境的同时，切实提高渔业养殖效益，建设真正属于海岛人民的水下“绿色长廊”。同时，长岛也要加强相关修复行动计划的实施力度，划定污水禁排区、废弃物禁排区，控制陆源污染、海上流动源污染等。建设赤潮灾害的早期预警、预报业务系统，减少赤潮发生对渔业的损失和对水域生态环境造成的危害。

3.7 加强减灾科普宣传教育，增强长岛人民的防灾减灾意识

强化各级政府的防灾减灾责任意识，建立政府部门、新闻媒体和社会团体协作开展减灾宣传教育合作机制。依托国家减灾科普教育支撑网络平台，鼓励群众参加交互式远程减灾教育，增强减灾知识。加强长岛灾害及防灾减灾知识的宣传和普及教育，进一步增强广大人民群众的防灾减灾意识，提高紧急避险和自救互救的能力，由被动防灾转变为主动减灾。开展多层次专业化教育，进一步增强防灾减灾管理人员的大局意识和责任意识，切实提高长岛防灾减灾的工作业务水平。结合长岛地区灾情实际情况，通过广播、电视、科普活动、预警演习等，广泛深入地进行宣传教育，使干部和群众自觉采取各种防灾措施。

4 长岛防灾减灾保障措施

4.1 建立健全防灾减灾管理机制

完善长岛防灾减灾工作的管理体制和运行机制，组建长岛防灾减灾管理中心，加强长岛防灾减灾工作的协调联动，建立长岛防灾减灾管理中心与地方政府及相关部门和单位的协调机制，建立健全动员社会力量参与减灾的制度和机制。加强长岛灾害应急体系建设，制定和完善长岛灾害应急预案，并将其纳入长岛经济发展计划。

4.2 加强防灾减灾制度化建设

逐步建立以防灾减灾有关法律法规为主体，根据国家及各相关部门制定的行政法规、地方性法规、地方政府规章、部门规章、规范性文件及各类技术标准、规范和规程组成的法律法规体系，逐步实现长岛灾害预报、预警、应急、救援、评估、投入的规范化与法制化，提高依法减灾的水平。建立健全防灾减灾工作行政执法责任制，加强执法监督和检查，使防灾减灾工作进一步规范化、制度化和法治化。

4.3 拓宽资金来源渠道，加大防灾减灾投入力度

坚持多渠道、多层次、多方位筹集建设资金，积极开拓其他投资渠道，争取各方面对防灾减灾事业的投入和支持。逐步建立起以政府投入为主、社会投入为辅的投资机制。鼓励和引导企业、社会团体、个人等加大对防灾减灾事业的支持与投入。积极探索市场经济条件下灾害保险机制建设，鼓励企业、个人参加灾害保险，提高社会对灾害的承受能力，逐步建立起政府主导、社会各方共同参与的长岛灾害救助和恢复重建的多元化补偿机制。大力实施科技防灾减灾战略，重视科技投入，加强学科交叉融合的灾害科学技术研究，充分发挥科学技术在减灾中的作用。[6]

参考文献

[1] 科技部国家计委国家经贸委灾害综合研究组．灾害、社会、减灾、发展：中国百年自然灾害态势与21世纪减灾策略分析[M]．北京：气象出版社，2000．

[2] 牛文元．生态环境脆弱带（EC0T0NE）的基础判定[J]．生态学报，1989，9（2）：97-105．

[3] 叶涛，郭卫平，史培军．1990年以来中国海洋灾害统风险特征分析及其综合风险管理[J]．自然灾害学报，2005，4（6）：65-70．

[4] 国家海洋局．中国海洋21世纪议程[M]．北京：海洋出版社，1996．

[5] 高庆华，聂高众，张业成，等．中国减灾需求与综合减灾：国家综合减灾"十一五"规划相关重大问题研究[M]．北京：气象出版社，2007．

[6] 陈鹏，蔡晓琼，廖连招，等．海岛灾害及其防灾减灾策略[J]．海洋开发与管理，2013，30（11）：8-12．

长岛气象防灾减灾救灾体系建设研究

李国平
（长岛县气象局，长岛　265800）

【摘要】中国特色社会主义进入新时代，人民对美好生活的向往对气象服务提出了新的需求。长岛地理环境特殊，气候条件恶劣，频发的灾害性天气常常对安全生产、海上运输、海上养殖等造成严重的安全事故和经济损失。原有的气象防灾减灾体系已经不能满足长岛社会经济发展以及人民日益增长的美好生活需要，长岛迫切需要一个新时代的标准化气象防灾减灾救灾体系。本文就新时代下长岛标准化气象防灾减灾救灾体系建设内容、发展方向和保障措施等方面进行了研究。

【关键字】长岛；气象灾害；防灾减灾；新时代；体系建设

随着党的十九大胜利召开，我国社会主义发展进入新阶段。2018年3月中华人民共和国应急管理部成立，有效地整合了我国的防灾减灾救灾工作和资源，标志着我国防灾减灾救灾工作进入了一个新的阶段，同时也标志着我国气象防灾减灾救灾事业进入了新时代。[1]在新时代，人民对气象服务的需求正转向个性化、专业化、精准化，转向生活性、生产性、生态性，呼唤更加智慧的公共气象服务。[2]近年来，全球极端恶劣天气频发，气象灾害损失逐年增加，占GDP的3%～6%。[3]长岛位于渤海海峡海上运输的“黄金水道”，地理环境特殊，气象条件恶劣，多种气象灾害频繁发生，易对海上交通、地区经济、海上养殖等产生严重影响。[4]因此，减少减轻气象灾害损失是长岛人民对气象服务新的需求，长岛气象防灾减灾体系的建设也日趋重要。

1　长岛的地理环境和气候条件

长岛因境内有长山岛而得名，位于胶东、辽东半岛之间，黄渤海交汇处。长岛由151个岛屿组成，其中有居民岛10个；岛陆面积59.3 km^2，海域面积3 242.7 km^2，海岸线187.6 km。

长岛位于山东省渤海海峡内，主要受冬季的大陆冷高压和夏季的副热带高压影响，多发的冷空气、温带气旋和热带气旋等直接影响长岛，天气系统强、过程复杂，造成长岛地区恶劣天气多发，且难以准确预。[5]长岛既是风能、太阳能、潮汐能等自然资源丰富的地方，又是大风、暴雨、雷暴、海雾等多种自然灾害频发的地方。根据长岛气象观测资料分析，长岛极端天气出现次数越来越频繁，年平均大风日数为116.0[6]。长岛地区气象防灾减灾体系建设已初见规模，但是还不完善，目前仍存在一些问题，如气象监测设备少、预警系统不完善、气象预警传播渠道少，这些方面有待加强。因此，应加强长岛气象防灾减灾能力建设，为海上运输及养殖提供及时准确的气象服务信息，在防风抗台、暴雨洪涝、山洪泥石流等方面为地方政府决策提供有力依据。

2 长岛气象防灾减灾救灾体系现状

2.1 气象灾害监测预警能力现状

监测能力：长岛现有7个自动气象站，对多种气象要素实时监测，特别是能对大风、降水、能见度等天气实况进行连续监测，可以统计到每10分钟的气象资料，可对大风、强降水、海雾等灾害性天气进行自动报警；利用多普勒天气雷达和卫星云图资料，可进行全方位、全天候的监测，对雷电、短时强降水等灾害性天气通常可以提前0～3 h做出短时临近预测。受长岛的地理环境和国防设施影响，自动气象站不能覆盖全部岛屿，观测设备还存在缺乏可靠的供电保障、通信网络受天气影响、自动站设备受军用雷达影响、维护及标校困难等问题。[7]受此影响，长岛气象灾害监测易出现盲区或数据严重滞后的问题。

预警能力：按照上级部门业务规范和流程，与上级气象台和周边气象台站开展灾害性天气会商和联防，在完成决策气象服务的同时，通过手机短信、电视、12121电话、政府网、电子显示屏等方式做好公共气象服务。针对冰雹、干旱等灾害性天气开展人工影响天气作业，提升气象综合保障能力。此方面主要存在以下问题：能接收预警短信的人数较少，无法全部覆盖；声讯电话需要公众主动拨打电话收听；电视节目播出时间固定，对突发性预警信息不能及时播放等，导致预警覆盖率下降。

2.2 长岛气象防灾减灾救灾标准化建设进度

通过近几年的气象防灾减灾救灾体系建设，在长岛县气象局沟通协调下，政府部门成立了气象灾害防御小组，编制印发了气象灾害防御规划和气象灾害应急预案等一系列文件。利用“三农专项”、山洪非工程措施、暴雨洪涝普查等项目，长岛初步完成“一本账”“ 一张图”“一张网”“一把尺”“一队伍”“一平台”

的“六个一”标准化气象防灾减灾救灾体系建设。

“一本账”是基层气象防灾减灾救灾数据集，主要包含气象灾害数据、气象灾害风险数据、气象防灾减灾救灾重点单位数据、气象防灾减灾救灾设施数据、气象防灾减灾救灾人员数据等。这个数据集是“六个一”防灾减灾救灾标准建设中的“一张图”和“一平台”的基础。长岛县气象局与其他相关部门沟通合作，尽可能收集辖区内的防灾减灾救灾数据，为后续工作打下了良好基础。

“一张图”是气象防灾减灾救灾地图，包含辖区遥感影像图、气象防灾减灾救灾地图主图、气象防灾减灾救灾信息附表、气象灾害防御计划或防御服务策略等内容。长岛县气象局在相关部门的帮助下，尽可能地制作高清实用的防灾减灾救灾地图。

“一张网”指基层防灾减灾救灾预警信息发布和传播“一张网”。利用“一平台”信息发布系统，通过政务网、手机短信、微信、电子显示屏、传真、声讯电话等方式及时向政府和相关单位责任人、人民群众、重点企业等发布气象灾害预警信息，形成全方位、多渠道的预报发布网络。

“一把尺”指统一标准的基层气象防灾减灾救灾业务流程规范。长岛县气象局在上级部门的指导下，制定符合本地实际、实用性强、可操作性强的防灾减灾救灾业务流程。

“一队伍”指建立基层气象防灾减灾救灾业务队伍。长岛县气象局与其他部门展开合作，整合气象信息员、气象协理员、群防群策员、志愿者等“多员合一”的队伍，联合应急部门、水利部门开展防灾减灾救灾知识培训。

“一平台”是指应用山东省气象台研发的山东省短临预报预警业务一体化平台，完善平台本地化功能，将实时监测气象实况数据、卫星云图、雷达图等资料综合显示，并对长岛区域气象灾害预警信号、决策服务产品、专业气象服务产品等进行一键式发布制作、发布、存档的防灾减灾救灾平台。

3 长岛气象防灾减灾救灾体系建设和发展方向

3.1 新时代防灾减灾救灾体系顶层设计

2017年底，中国气象局印发了关于《加强气象防灾减灾救灾工作的意见》（气发〔2017〕89号）。该意见在党的十九大报告指导下，对气象防灾减灾救灾的发展理念、工作目标、能力建设和保障措施等方面提出了依法减灾、综合减灾和智慧减灾的新要求，并确定了新时代气象防灾减灾救灾的发展方向。建设新时代气象防灾减灾救灾体系应以法治化、规范化、现代化为目标，以发挥监测预报先导、预警发布枢纽、风险管理支撑、应急救援保障、统筹管理职能、国际减灾示范六大作用为着力点，由监测预报预警体系、预警信息发布体系、风险防范体系、组织责任体系和法规标准体系五大部分构成。该意见的提出对长岛气象防灾减灾救灾工作具有十分重要的指导意义。

3.2 长岛气象防灾减灾救灾体系建设和发展方向

建设立体化、全覆盖的监测网络。提高自动气象站网密度，与水利、国土等部门实现数据共享，建成由地基、空基、天基观测系统组成的多尺度、无缝隙、全覆盖的气象灾害综合监测网，确保对灾害性天气的全天候、高实况分辨率、高精度的综合立体连续监测。发展基于影响的预报预警，强化支持海洋气象灾害、海上交通运输和气候灾害风险评估等方面的预警预报。发展面向决策的智慧服务，在决策服务中实现智能化突破。完善突发事件预警信息发布系统，与电信运营商协商好预警信息的“绿色通道”，实行手机短信、微信的全覆盖，实现预警信息第一时间精准直达政府决策者、部门应急责任人、企事业负责人和社会公众。完善预警信息发布机制制度，加强精细化数值预报和短时临近预报系统，针对大风、暴雨洪涝、山洪泥石流、雷电、海雾等灾害性天气要观测到，预警要发得及时。对重大气象灾害要实行“三个叫应”制度，实现预警覆盖率100%。

3.3 加强气象防灾减灾救灾科普宣传工作

加强气象防灾减灾救灾科普宣传，提升社会公众的防灾减灾救灾意识，使其掌握抗灾自救的知识和技能。长岛将把气象灾害科普工作纳入全民科学素质行动计划纲要，通过气象科普基地、气象日、防灾减灾日、科普宣传周等广泛宣传普及气象防灾减灾救灾知识。与地方相关部门合作，采取多种形式开展对乡镇防灾减灾责任人和“一队伍”人员的教育培训工作，守好防灾减灾救灾第一线。面向社区、乡村、学校、企事业单位，加强对学生、农民、海上作业人员等的防灾避险知识普及，提高社会公众的自救互救能力。

3.4 加强防灾减灾救灾保障措施

强化组织领导。新时代气象防灾减灾救灾工作完善了“政府领导、部门联动、社会参与”的工作机制，推动将气象灾害防御工作纳入政府绩效考核。加强地方党委对气象灾害防御工作的领导，建立健全气象灾害防灾减灾救灾政府主导机制，以国家突发事件预警信息发布系统为中心，基于“一张图”“一张网”等实现部门间防灾减灾救灾资源的统筹规划和共建共享；完善社会力量参与机制，加快制定和完善相关法律法规，明确企业、社会组织和社会公众的气象防灾减灾救灾责任和义务。

加大资金投入。地方发展改革部门和财政部门要加大支持力度，完善公共财政保障机制，强化地方财政对气象防灾减灾救灾的保障能力。建立财政支持的灾害风险保险体系，发挥金融保险在支持气象防灾减灾救灾预防工作中的作用。

4 结语

完善长岛气象防灾减灾救灾体系是一个系统工程，对长岛气象事业的发展是一个挑战，也是一个机遇。长岛防灾减灾救灾工作需要政府的强力支持，需要建立长效机制，还需要其他部门和单位的支持与配合。长岛气象防灾减灾救灾体系建设已经小有规模，但仍有很多工作要做，需要总结近年来的工作经验，调研气象防灾减灾救灾工作新需求，考察学习其他地区先进的气象防灾减灾救灾技术和工作经验。面对新形势、新任务，长岛气象工作者应发扬优良传统，推动长岛气象事业高质量发展，全面提高气象服务保障能力，更好地发挥气象防灾减灾第一道防线的作用。

参考文献

[1] 孔峰，薛澜，乔枫雪，等. 新时代我国综合气象防灾减灾的综述与展望[J]. 首都师范大学学报（自然科学版），2019（4）：67-72.

[2] 刘雅鸣. 发展智慧气象科学抵御风险[N]. 人民日报，2018-3-23（14）.

[3] 郑国光. 国际防灾减灾面临的一些问题和我国气象防灾减灾工作的基本思路[J]. 江西气象科技，2000（4）：1-5.

[4] 黄少军，薛粪波，石磊，等. 渤海海峡客滚船海难事故与大风事件关系分析[J]. 气象与环境学报，2006（3）：30-32.

[5] 高瑞华，申培鲁，高慧，等. 渤海海峡大风日数的变化趋势分析[J]. 海洋预报，2010（1）：39-43.

[6] 高瑞华，王式功，张孝峰，等. 渤海海峡大风的气候特征分析[J]. 海洋预报，2008（3）：7-14.

[7] 章火宝. 海岛自动气象观测站建设与维护初探[J]. 山东气象，2010（4）：49-50.

[8] 叶泓麟，田苹. 提高县级综合业务水平发挥气象防灾减灾作用[J]. 吉林农业，2019（10）：105.

气象灾害证明的开具和服务研究

徐立君
（烟台市气象局，烟台　264003）

【摘要】气象灾害证明是各级气象部门都有的一项工作。本文从具体实际工作入手，介绍了气象证明开具的详细内容，并针对其中几个处理起来比较复杂的要素重点介绍了有可能出现的问题以及处理方法。

【关键词】气象灾害证明；大监站；暴雨暴雪标准；地面测报

目前我们身处信息化时代，如何获取数据、分析数据、处理数据成为各行业、各领域的重要工作。而在全社会非常关注的气象数据方面，气象部门有着得天独厚的优势和平台。每天气象服务方面的数据浩如烟海，我们应当基于业已成型的数据库产品深度挖掘新的服务内容和服务形式。

气象灾害证明分为两类：一类是证明类，是指气象部门根据天气情况决定能否出具用户所提出的天气现象的数据，目前主要服务内容包括大风、雷电、暴雨、暴雪四项；第二类是数据类，是指用户指定时间范围的天气要素的具体数值，分为近期数据和常年统计数据。

1 证明类

1.1 大风、雷电

这两项的查询比较明确，一般不会出现争议。一般按照用户要求日期的前一天的20时至当天的20时进行查询即可。另外，雷电资料来源于MICAPS4。

1.2 暴雨

按照标准，暴雨是指12 h雨量大于等于30 mm或24 h雨量大于等于50 mm。实际操作时，如果每次都按照用户要求的日期分别查询12 h、24 h数据无疑会增加工作量，为了简化操作步骤，查询方法一般为先查询用户所要求的24 h数据，如果达到了暴雨标准就直接出具证明，如果没有且有站点达到30 mm或以上，再查询12 h数据。

上述所说的24 h一般是指从前一日的20时至当日的20时，12时是指从前一日的20时至当日的08时以及当日的08时至当日的20时。但实际操作时会出现一种情况，就是非20时至20时出现大于等于50 mm的降水，比如前一日的21时至当日的21时降水量大于等于50 mm，按理，这种情况也应该属于暴雨，可以作为当日出现了暴雨出具证明，但问题是如果每次查询降水量都这样处理，工作量将会非常大，在实际操作中不太现实，如果再加上12 h的情况一并考虑，那这种查询方法就不可行了。

1.3 暴雪

暴雪查询容易出现的问题更多。暴雪的标准是12 h雪量大于等于6 mm或24 h雪量大于等于10 mm。注意此处测量的是纯雪，否则按照24 h大于等于10 mm且雪深大于等于10 cm认定。这就需要在地面测报软件里甄别哪个时间段是纯雪、哪个时间段是雨夹雪，工作量很大。在具体服务中，有时会出现各级气象部门对同一区域的暴雪认定不一致的情况。笔者总结的方法是先不要看纯雪标准，而是先查看雨夹雪标准，即24 h大于等于10 mm且雪深大于等于10 cm，如果以上两个条件没全达到，就要查是否是纯雪了。查看是否是纯雪需要地面测报软件打开A文件仔细比对天气符号，确认12 h雪量是否大于等于6 mm或24 h雪量是否大于等于10 mm。

2 数据类

2.1 近期数据

数据资料的出具必须分毫不差，经得起检查和质疑，因此需要使用地面气象测报业务软件。因为该软件的数据是来源于大监站，有人值守，数据可靠。有些单位在出具数据时是从服务平台获取的，虽然服务平台也是基于数据库获取数据，但不排除数据获取出现错误的情况。

2.2 常年统计数据

常年统计数据调用的是30年周期数据，该30年为1981—2010年。该数据平台的数据会随着时间推移，不断调整起始和终止年限。

还有一个造成各级气象部门证明结论差异的原因是，我们参考的数据都是来自分布在全市的气象观测站，其具体分布情况是：各类型自动气象观测站共有171个，其中大监站有11个，船载自动气象站有7个，浮标站有1个，各类型区域站有152个。采用称重式观测降水量的气象自动观测站有17个（11个为有人观测站，6个为无人观测站，主要分布在烟台市北部）。其余使用SL3-1型双翻斗雨量传感器，即到了冬季会停止降水观测。观测数据采集软件主要有地面气象测报业务软件和区域自动站统一版。在开具证明特别是数据资料时，推荐以地面气象测报业务软件为主，因为其使用的是有人值守的大监站数据。

3 其他

气象部门的气象观测站再多，也不可能覆盖每一寸土地，不排除有些地方的确出现了暴雨、暴雪或大风，但恰好该处没有气象观测站。这种情况下气象部门是没法开具证明的。

综上所述，气象证明的开具存在很多问题，有些可以通过技术方法去解决，有些需要人工干预去处理每一处细微之处。

4 结论

气象工作越来越受到社会各界的关注和重视，但我们的工作不只包括做好观测和预报，气象服务也是重点工作内容之一，其中气象证明的开具意义重大，它为各行各业的保险理赔提供法律支撑，为各行各业的重点工程提供数据决策。如果出现失误，不只会削弱气象部门的权威性，还会引起经济纠纷，造成恶劣的社会影响，因此我们应当引起足够的重视，通盘部署全市各兄弟单位的证明出具工作，技术上的问题可以通过投入人力、物力减少失误的可能性，避免引起民事纠纷。

浅析人工影响天气在防灾减灾中的作用及发展

孙　俊
（蓬莱气象局，蓬莱　265600）

【摘要】随着我国经济的飞速发展和科学技术的不断提高，气象现代化成为国家现代化的重要标志之一。多年来，气象部门不仅在防台风、抗洪、抗旱等重大灾害性天气预报面前服务效益显著，而且能通过先进设备、科学技术手段，使天气现象朝着人们理想化的方向转变，比如人工增雨、人工防雹、人工消云、人工抑制雷电、人工防霜冻。本文主要通过对人工增雨、人工防雹进行解析，结合蓬莱多年人工增雨作业情况，使人们更全面地认识和了解人工影响天气对大自然和人类生产生活的重要性。

【关键词】人工影响天气；人工增雨；人工防雹；防灾减灾；作用；发展

人工影响天气是气象在服务防灾减灾、保护人民生命财产安全以及合理开发利用自然资源与保护生态环境中的一项重要科技手段。由于水资源对国民经济的重要性，人工降雨作为开发空中水资源的一种潜在手段受到广泛重视。多年来，在国家和各级政府的大力支持下，通过广大科技工作者和气象工作者的不懈努力，人工影响天气人员队伍不断壮大，科技装备不断现代化。人工影响天气在抗旱减灾、缓解水资源短缺、改善生态环境以及重大活动气象保障服务等方面都发挥了积极作用。

1　人工影响天气的类型

1.1　人工增雨

近年来，气候的变化已经成为人们普遍关注的话题。根据当下环境需求以及实地情况，气象部门承担起防灾减灾的重要责任。在新闻报道和现实生活中我们经常能看到干旱危害着人们的生命和财产安全，为了尽量避免大自然严重天气状况的影响，人们经常使用灌溉来解决干旱问题，但是时间一长，用水量急剧增多，很容易导致水资源匮乏。此时，气象部门可以通过卫星云图、雷达等多种气象资料对天气形势进行分析，在适当条件下对局部天气过程进行人工影响，就可以最大限度地缓解旱情，从而减少对水资源的浪费。人工影响天气就是在这种形势下应运而生和不断完善发展的一种与自然界斗争的有效手段。目前，人工增雨是使用最为广泛的一种人工影响天气类型。

其实，天气的变化发展与天空中的云是密不可分的。因而，想要人为干预天气、改变天气，就要干预和改变云的数量、结构以及其中的物理化学过程，以达到让天气过程朝着人们预想的方向转化。人工增雨的原理就是采用人为办法对空中可能下雨或者正在下雨的云层施加影响，目前主要是以增雨火箭弹将碘化银等催化剂撒播到云中的方法，改变云的微结构，提高云的降水概率，开发空中潜在的水资源，从而增加降水量。

蓬莱位于山东半岛北部，其主要气象灾害有暴雨、暴雪、大风、寒潮、雷暴、冰雹、干旱等。因受海洋调节，夏无酷暑，冬无严寒。春季多西南大风，少雨，气候干旱，春季森林火险等级极高。结合蓬莱地区降水天气背景及全市人工增雨地面作业点分布与飞机飞行区域，天气过程来临时，气象部门需要根据当地实际情况，在一定的自然云的条件下，利用火箭弹进行人工增雨，获取空中水资源，往往增雨地区的降水量会增多。据统计，自2018年至今蓬莱共发射增雨炮弹78枚，其中汛期来临之前共发射增雨炮弹42枚，缓解了旱情，降低了森林火险等级，也进一步提高了人工影响天气作业的服务效益，并获得当地政府领导的认可和人民群众的普遍欢迎。蓬莱因地理位置优越，降雹次数并不多，所以没有人工防雹作业。

1.2 人工防雹

我国是雹灾较多的国家，风雹灾害具有突发性强、破坏力大、生命史短的特点，在降雹的过程中常伴有狂风骤雨，因此往往给局部地区的农业、电业以及交通运输乃至人们的生活、生命财产造成较大损失。我国山东、甘肃等地常因雹灾而损失惨重，严重影响了农业生产和社会经济。在这种情况下，我们就可以利用人工影响天气技术，实施人工防雹作业。目前主要的防雹方法有两种：一种是爆炸方法，另一种是催化方法。我国古代就有了人工防雹活动的记载。17世纪末，中国清代的《广阳杂记》中就有记载："夏五六月间，常有暴风起，黄云自山来，必有冰雹，土人见黄云起，则鸣金鼓，以枪炮向之施放，即散去。"这是中国古代用土炮防雹的生动描述。20世纪70年代以前我们一直采用爆炸方法，之后才逐步利用高炮或火箭将装有碘化银的弹头发射到冰雹云中，使云中的雹胎不能发展成冰雹，或者使小冰粒在变成大冰雹之前就降落到地面。其实就是想方设法地减少或切断小雹胚的水分供应，来达到抑制冰雹生长和减少降雹的目的。再加上精准的天气预报，及时合理地进行防雹作业，就会一定程度上减少冰雹对农作物的伤害，从而实现防灾减灾的目的。

2 人工影响天气在防灾减灾中的应用

国外最初采用增雨防雹火箭弹作业始于20世纪50年代，我国是于20世纪70年代后期开始使用37高炮进行人工增雨防雹作业的。在吉林省吉林市出现60年未遇的特大干旱时，吉林省气象局率先使用飞机人工降雨试验并获得成功。此次作业降雨区面积达200 km^2，取得不同程度上的增雨效果，基本缓解了旱情。吉林省的增雨成功也很大程度上促进了人工影响天气在全国的试验。

1961—2018年，我国平均年降水量呈微弱增加趋势，但年降水量呈显著减少趋势。同时，数据显示，我国区域干旱事件呈微弱上升趋势，干旱风险增加。自2020年2月以来，我国北方大部、南方部分地区降水持续偏少，多地气象部门抓住有利时机进行人工增雨作业，既增加了降水量，又有效降低了森林火险等级，缓解了农业旱情。在很多严重缺水、干旱的地区，我们也可以通过人工增雨的方法，增加降水量，促进农作物的生长。人工影响天气在气象防灾减灾中起到非常重要的作用，合理开展人工影响天气作业可以将自然灾害造成的损失降到最低，可更好地为当地防灾减灾服务，为服务经济社会发展发挥不可替代的作用。

3 人工影响天气的发展与思考

（1）加大政府支持力度。人工影响天气是一项系统、复杂、责任重大的工作，它对当地防灾减灾和保障经济持续发展不可或缺。因此，更需要得到各级政府的大力支持。当地政府要加大对人工影响天气设备的经费投入，充分肯定人工影响天气工作的重要性。

（2）人工降雨作业对不同的云进行同样的催化作用，可能取得的效果不同，有时降雨较多，有时降雨较少。为了获得更好的增雨效果，必须对自然云条件和降水过程进行更深入的探索研究。

（3）加强防灾减灾意识，做到防患于未然。遇到特殊天气，要提高警惕，早准备，早安排，作业设备要时刻处于良好状态。要将防灾减灾工作当作重要工作来抓，加大防灾抗灾力度，尽最大努力将灾害损失降到最小。

（4）加强人员队伍建设，提高作业能力。充分利用现有的气象资源和设施，加强人员作业培训，不断补充、更新知识，提高人工增雨、人工防雹等方面的作业能力。

（5）完善规章制度，确保人员作业安全。建立健全安全生产责任制度，时时刻刻把安全放在首位，严格执行安全作业规范，保证作业的安全性。

4 结语

2020年3月23日是第60个世界气象日，主题是“气候与水”，旨在进一步了解新形势下气候与水的关系，关注厄尔尼诺、拉尼娜等特殊气候现象。当前，人们必须深刻认识到大自然的不断变化已为我们敲响警钟，而人工影响天气则是人们应对自然灾害、趋利避害的一项重要科技手段。尽管我们拥有全面的综合气象观测网，建立了精细化的气象预报预测系统、最健全的气象服务体系，但我们在面对重大自然灾害时，更要加强防灾意识，全面提升人工影响天气工作质量和效益，为全球应对气候变化和自然灾害防御注入中国智慧、中国力量。

参考文献

[1] 王广河，缪旭明. 人工影响天气在应急服务中的应用及进展 [J]. 中国应急管理，2009（9）: 56-59.

[2] 王雨增，李凤声，伏传林. 人工防雹实用技术 [M]. 北京：气象出版社，1994.

[3] 申亿铭. 云中催化剂的扩散 [M]. 北京：气象出版社，1994.

[4] 邓北胜. 人工影响天气技术与管理 [M]. 北京：气象出版社，2011.

[5] 石慧兰. 德州市冰雹灾害特征及防御 [J]. 山东气象，2013，33（1）: 7-10.

山东省气象业务一体化平台在烟台市防灾减灾中的应用

姜 超[1] 秦 璐[2]
（1. 烟台市气象局，烟台 264003；2. 烟台市牟平区气象局，牟平 264100）

【摘要】本文针对山东省气象业务一体化平台提供的天气实况与短临预报两大模块，就其在气象防灾减灾工作中的应用进行了介绍。利用平台提供的最新技术和理念，我们可以更加直观、高效、准确地对气象灾害的发生发展进行监控和预报，并将监测结果和预报结论以美观、清晰的方式进行展现。利用短临监测提醒功能，可以第一时间对可能出现的气象灾害进行报警提醒，确保不会错过预警信息。预警制作发布模块使得预警信号实现了一键式发布，让预警信息可以更加快速地传递给民众、企业和政府。一体化平台让我们在防灾减灾工作中更加得心应手，可以更好地进行灾情预报服务，更有利于减少人民群众的财产损失，保障生命安全，也更好地为政府防灾减灾决策提供依据。

【关键词】一体化平台；防灾减灾；山东；预警

当今社会信息化建设进程日新月异，大数据、人工智能等新技术的应用，让各行各业都发生了巨大的变化，也让人们对各方面信息获取的时效性和整体性有了前所未有的高需求，对于关系人民生命财产安全的气象防灾减灾工作来说，这种需求更加显著。山东省气象业务一体化平台，正是符合新时代气象业务与防灾减灾需求而诞生的新一代气象业务综合平台。平台将气象综合业务与气象防灾减灾内容进行高度整合，应用最新的信息技术，向全省气象工作者提供最新的防灾减灾技术支持，使其对气象灾害的检测预警服务能够更加及时、准确、从容，更好地保障人民群众的生命财产安全。

山东省气象业务一体化平台在防灾减灾方面主要有两个相关模块：天气实况模块和短临预报模块。本文将分别针对两个模块在防灾减灾中的应用进行详细介绍。

1 天气实况模块

天气实况模块将气象自动观测站、卫星、雷达等气象观测信息，以直观、便捷的形式向业务工作人员进行展示。其可进行实时观测数据的查看和任意时间段内数据的统计，以便分析是否有出现气象灾害的可能或是否已经出现气象灾害。同时，全省共用一体化平台，也可以方便地进行上下游联防工作，上游地区出现的气象灾害观测信息对烟台地区的预警服务有明显的警示作用。天气实况模块主要分为综合检测模块和出图服务模块两部分。

1.1 综合检测模块

综合检测模块主要利用地理信息技术将气象观测信息进行平面展示，其展示内容包括自动站基础观测数据、雷达拼图、卫星云图、闪电检测、火点检测、危险天气等。

（1）在综合检测界面，可以更改地理信息的显示内容，包括省界、市界、县界、镇界、市名、县名、镇名以及地图（图1）。

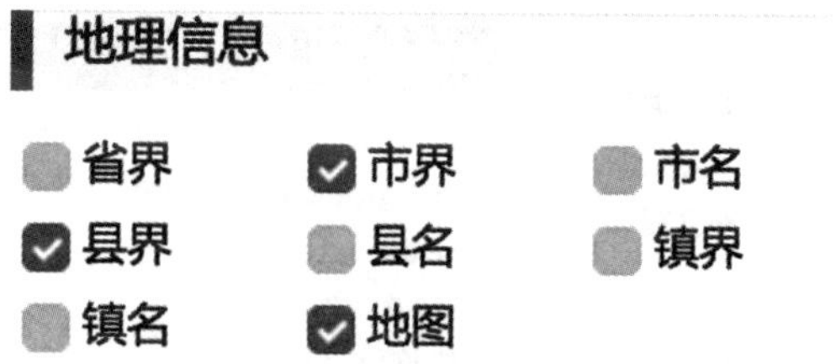

地理信息

省界 市界 市名
县界 县名 镇界
镇名 地图

图1 地理信息可选择内容

（2）自动站点界面可分别显示国家站、区域站、非考核站、周边站。站点信息包括站点位置、站名、站号。观测信息可选择显示为观测值、色斑图、等值线三种方式，也可选择是否分级显示以及是否显示降水统计信息等。

自动站界面显示的观测数据包括降水量、雪深、气温、地温、风向、风速、能见度、气压、湿度。各种观测数据对防灾减灾服务都有指导意义，例如，降水量和雪深可对暴雨、暴雪、短时强降水的灾害天气进行预警，气温和地温指示寒潮、高温、霜冻等灾害天气，风速、气压指示海上和陆地大风灾害，能见度、湿度指示大雾灾害天气。

在综合检测界面，不仅可以显示实时自动站观测数据，还可以显示上一时次或者过去任意时次的观测数据，或者对过去某一时间段进行统计查询（图2），并将超过某一阈值或在某一区间的数值进行标红处理，以便对达到灾害量级的观测数据进行处理。

（3）雷达拼图使用的是全省雷达拼图数据，在地图上实时显示，目前只使用基本反射率和组合反射率拼图。使用基本反射率时可显示各高度反射率以及反射率剖面，并可连续播放一段时间的雷达拼图，制作雷达动画并下载。

当有降水过程或强对流天气过程时，组合反射率拼图可以让我们直观地看到强降水和强对流发生、发展的位置和强度，以便对短时强降水、雷电、冰雹等灾害天气进行预警。

（4）卫星云图使用的是葵花8号和风云4号卫星的实时数据，包括红外、可见光和水汽通道的云图数据。其同样可以进行动画播放。卫星云图可以让我们看到更大范围的天气系统发展情况，对大范围的天气系统可能造成的灾害天气有较好的监控警示作用。

（5）闪电数据可以显示某一时刻闪电定位观测到的正闪、负闪发生的位置。其主要用来监测雷电灾害。

（6）火点监测将卫星遥感监测到的火点位置、时间、可信度、明火面积、土地类型、观测图片等信息在地图上进行标注（图3）。在易发生山林火情的季节，我们可以第一时间通过平台得到火灾情况的详细资料（图4），对服务火情十分有利。

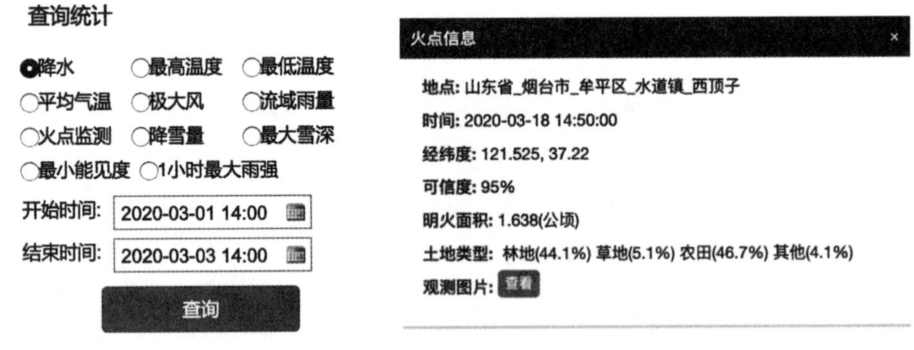

图2　统计查询可选择的要素　　　　图3　2020年3月18日牟平区水道镇火点图

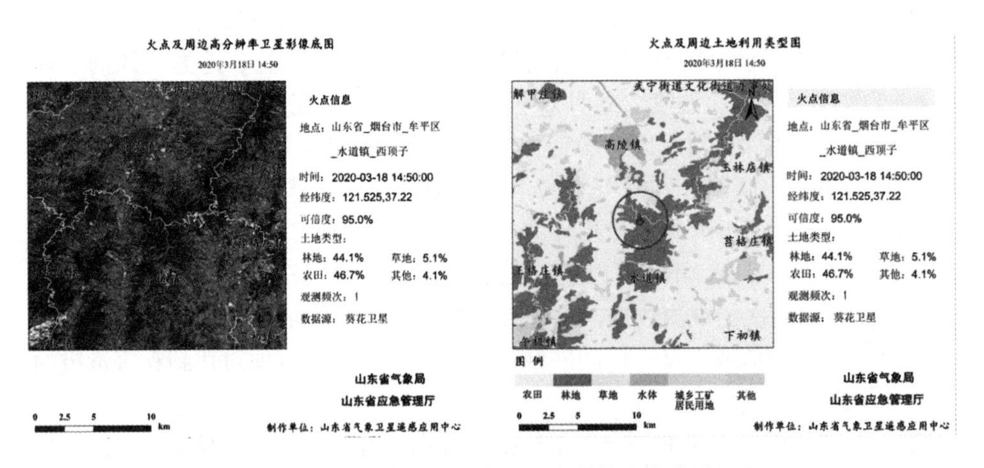

图4　2020年3月18日牟平区水道镇火点详图

（7）天气现象和危险天气信息，将观测到的晴、雨、雪等天气现象以及大风、短时强降水、冰雹、闪电、雷暴、霾、雾、沙尘暴、积雪深度等危险天气（图5），在地图站点上进行标注。对大风和短时强降水按照具体量级进行不同颜色的区分，更直观地将灾害天气的强弱、位置表示出来，让我们可以同时看到所有正在发生的灾害天气的简要情况，以便开展具体服务。

图5　天气现象和危险天气图示

1.2　出图服务模块

出图服务模块可以将实况观测、格点预报等数据制作成美观、简洁、可定制的服务图片或表格，让我们在灾情服务时可以用更直观、正式的图片和表格进行展示。

（1）制作实况、预报图片。本模块可以将实况观测资料和预报数据进行出图。实况观测资料包括任意时段内的最高气温、最低气温、累计降水、最小能见度、极大风数据。可以选择使用国家站或区域站数据，并可将超出某一阈值的数据标红以及将时段内的最大值发生时间进行标识。

图片所显示的位置、大小、范围以及图例、标题等信息都可以详细定制，以满足各种灾情服务的需求。

出图模块也可以将格点预报中的预报数据进行出图处理，内容包括起报时间后0～168 h内累积或12 h、24 h间隔的各预报结论成图。格点预报数据有降水量、最高温度、最低温度、最大风速、最小能见度。图片形式为色斑图，并可叠加格点数值。图片各要素也可以进行定制修改，以满足各种灾情服务需求。

预报数据成图可以让我们对未来一段时间可能出现的气象灾害进行直观的预报服务，提前进行强降水、高温、寒潮、大风、大雾等灾害天气的预报预警工作。

（2）预报表格。预报表格模块基于智能网格的格点化天气预报结论，我们可以选取预设或收藏的地图任意点进行预报，对一个或多个点的各气象要素给出未来一段时间内的逐小时或3 h、6 h、12 h、24 h间隔的预报表格结论。预报要素包括天气现象、降水、相对湿度、风向风速、总云量、温度、能见度等，表1所示是牟平区高陵镇3月28日20时至29日12时的天气预报表格。这为定点灾情精细预报服务工作提供了前所未有的技术手段，如火场区域精细预报。

表1　2020年3月28日20时至29日12时牟平区高陵镇天气预报表格

	28日23时	29日02时	29日05时	29日08时	29日11时
天气现象	多云	多云	多云	多云	阴
降水/mm	0	0	0	0	0
相对湿度/%	40.1～57.9	60.6～66.4	69.4～74.1	48.1～64.1	18～34.7
风力/级	2	2	2	2	2
风向	西南偏南	西南偏南	西南偏南	西南偏南	南
云量/%	79	79	35	79	84
最高温度/℃	0.8	−1.3	−1.6	6	12.2
最低温度/℃	−1.5	−1.4	−2.3	0.5	8.1
能见度/km	15	14	13.8	14.2	15.7

2　短临预报模块

短临预报模块包括短临监测提醒模块和预警制作模块两部分。其提供了直接的短时临近灾害天气的监测提醒功能，整合了国家突发事件预警信息发布系统（简称“国突”）和山东省突发事件预警信息发布中心（简称“省突”）双平台，实现预警信号一键式发布的功能，是与实时气象防灾减灾工作相关的主要模块。

2.1　短临监测提醒模块

该模块主要包括监测提醒、单站报警留痕、预警提醒留痕功能。

（1）监测提醒界面可以将设置好的报警提醒和预警提醒信息分类、分级地显示出来。报警和预警监测的要素包括降水、风速、能见度、温度，预警类型包括暴雨、大风、大雾、高温。当监测数值达到相应等级后，将会显示相应颜色的预警标志，并将进行声音报警提醒。如果声音提醒后在设定时间内未进行确认，将会按照预设的方式进行短信或电话报警，以便第一时间进行气象灾害的确认与预警服务。

监测提醒界面也可以同时监测闪电和雷达回波资料，当闪电密度或雷达反射率强度和面积超过设定阈值时都会进行报警，主要通过声音、短信、电话等方式进行直观的提醒。

在烟台区域周边还可以设定警戒线和预警线范围，当相应范围内出现报警、预警信息（图6）时也会提供相应的提醒。

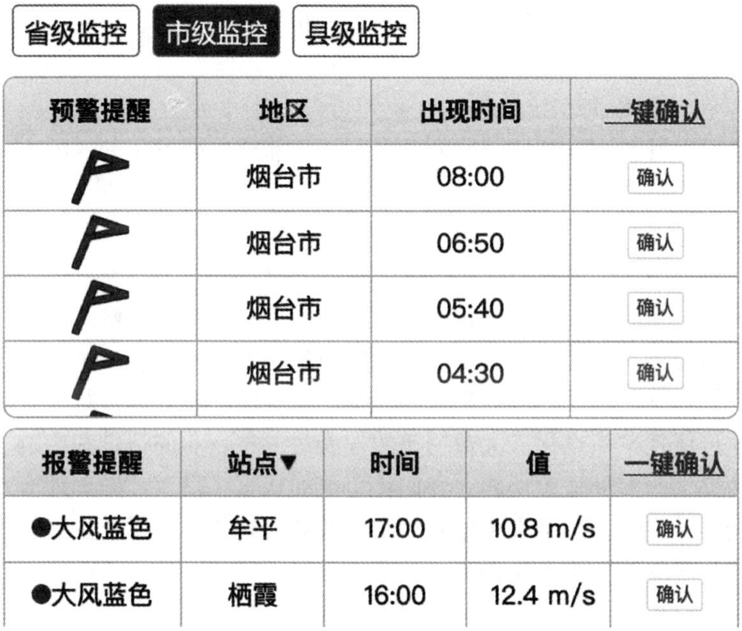

省级监控 市级监控 县级监控

预警提醒	地区	出现时间	一键确认
	烟台市	08:00	确认
	烟台市	06:50	确认
	烟台市	05:40	确认
	烟台市	04:30	确认

报警提醒	站点▼	时间	值	一键确认
●大风蓝色	牟平	17:00	10.8 m/s	确认
●大风蓝色	栖霞	16:00	12.4 m/s	确认

图6 短时临近监测提醒界面的预警提醒和报警提醒内容

（2）在单站报警预警留痕界面，可以对本市或全省所有的报警、预警信息进行筛选查询。留痕内容包括报警单位、报警名称、报警时间、值、地区、站点名称、响应情况。

2.2 预警制作模块

（1）预警制作模块将之前略显复杂的多平台、多渠道预警制作发布方式进行了整合，实现了一体化发布。平台整合了国突平台和省突平台，发布渠道包括12379网站、短信、邮件、传真等。

平台可制作发布的预警信号包括暴雨、冰雹、寒潮、高温、霜冻、大雾、台风、霾、暴雪、大风、雷电、干旱、道路结冰、沙尘暴、海上大风、海雾以及各种级别类型的应急响应。平台在制作时可以直观方便地对预警类型、影响区域、发布等级、发布时间进行选择，并按照预设内容，迅速生成预警标题、编号、拟稿人、签发人、发布单位、防御指南等信息，预警的内容也可以直接修改并导入在地图上圈选的区市名称。

预警制作完后，可以在同一界面进行国突、省突、短信、邮件、传真、本地留存等方式的一键式发布，极大地缩短了预警制作发布时间，提高了预警发布的时效性、准确性，让我们可以更好地通过预警气象灾害减少民众的生命财产损失。

（2）在预警监控界面，可以直观地看到全省正在发布的预警信号和应急响应信息，关注上游以及邻近区市的预警发布情况，帮助、提醒我们及时做出相应气象灾害的反应与服务。

（3）在预警查询和统计界面，我们可以对本市或全省各地市发布的预警和应急情况进行查询和统计，方便总结归纳目前或前期发生的气象灾害情况，有针对性地加强服务改进工作。

3 结论

山东省气象业务一体化平台，通过天气实况和短临预报两大模块，为全省气象工作者提供了针对气象灾害进行预报与服务的重要工具。平台通过最新的信息技术与理念，让我们可以更直观、便捷、准确、高效地进行气象防灾减灾工作。这也体现了信息化、大数据等的发展对气象行业的帮助和影响。学习利用好平台提供的多种强大功能，我们将会更加从容、高效、准确地应对未来可能出现的各种灾情，尽最大可能减少人民群众受到的生命财产损失，将我们的气象业务与防灾减灾服务做得更好。

烟台市气象手机客户端在防灾减灾中的应用

黄本峰　张孝峰　高瑞华
（烟台市气象局，烟台　264003）

【摘要】本文从防灾减灾角度，对烟台气象手机客户端的功能及应用场景等进行了介绍，以便能更好地将其应用到气象防灾减灾的各个领域。

【关键词】手机客户端；防灾减灾；应用

气象服务有两大要素，一是气象服务内容，二是气象服务手段。随着各种新通信和传媒技术的不断涌现，特别是3G、4G技术普及以来，移动数据业务得到了爆发式的发展，以手机为终端的应用成为各种应用的主流，这也推动了气象服务手段不断向前发展。目前，手机终端提供气象应用服务主要有两种途径，一种是在手机第三方应用平台上提供气象应用服务，一种是在手机操作系统上开发的气象应用。从实践来看，基于手机操作系统的气象应用由于方便、形象、可控度强，更容易开展业务。

烟台气象手机客户端“烟台气象通”就是为解决通过3G、4G等通信手段提供气象信息过程中存在的弊端，结合多年来气象预报服务中的经验，为用户提供有效的气象服务而开发的应用软件。本文即从客户端的功能入手，对其各项功能以及在防灾减灾中的优势、应用场景等进行了介绍。

1　主要功能及其实现

烟台气象手机客户端包括综合气象、雷达监测、卫星云图、天气监测四个栏目。

1.1　综合气象

综合气象将绝大部分可以文字或简单图表方式展现的信息或数据进行集成，内容涵盖应急提示、未来24～48 h天气预报预警、海区天气预报、当前天气实况、空气质量、天文潮汐、海水温度、日出日落时间、每日月相、节气提醒、今日关注等。

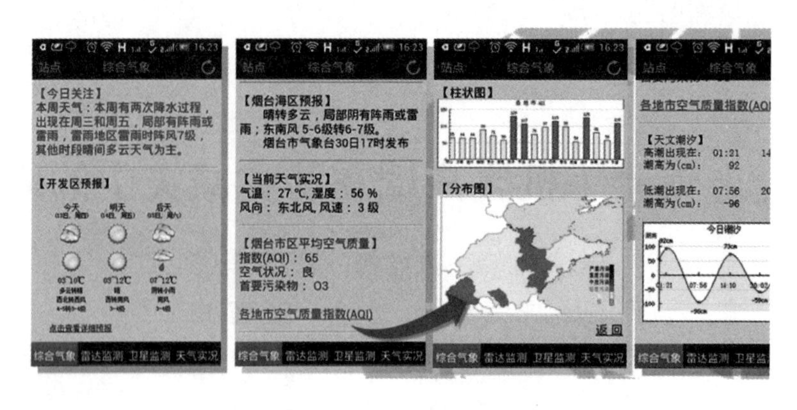

图1　综合气象部分内容

1.1.1　天气预报服务模块

（1）常规服务。

常规服务有三种：常规天气服务、海区天气服务和森林火险气象等级服务。

常规天气服务指通过信息处理系统将辖区内各级气象台站一天三次对公众发布的天气预报推送给客户端。客户端在常规服务方面提供了文本版和图标版两种样式进行显示，主界面上显示图标版，点击下方的详细预报链接即可查看详细的文字版内容。

文本版：自动同步获取烟台气象信息平台中烟台市及各区市气象台站发布的72 h文本预报产品，处理生成预报文本单站文件供客户端调阅。

图标版：通过及时获取各站天气报报文，对其进行解码，生成当天、次日、72 h天气实况、风、温度，并将天气实况转换成对应的天气图标显示。客户端图标版还专门制作了一套39个天气现象对应的天气符号图标库，供程序调用。

海区天气服务提供了烟台市海洋气象台每天三次制作、发布的烟台海域天气情况，通过文本的方式供客户端调用。

森林火险气象等级服务在每年的11月到次年5月，提供烟台市气象台每天制作发布的森林火险气象等级服务产品，包括火险等级、危险级别和燃烧级别等。

（2）非常规服务。

本模块为置顶模块，信息优先推送到客户端最上端，以提醒用户注意。非常规服务可通过以下栏目进行服务。

一周预报：每周一，气象服务人员根据本周的天气形势分析形成一周的预报服务提示产品。

重要天气：根据天气变化特点，工作人员可以随时发布天气预测展望、趋势分析、重要天气提示等内容，直接推送到客户端。

1.1.2 预警信号服务模块

同步获取各级气象台站发布的预警信号信息，一旦发布，直接推送至手机客户端，并置顶显示。信息处理由三部分组成：一是信息获取，二是信息的本地存储，三是预警产品采集部分。

信息处理系统实时获取烟台辖区内有预警的xml文件，进行解码，并对其中的站点内容和本地数据库进行比对，若有差异则插入相应记录，从而完成本地数据库各地预警信息的同步工作。然后处理系统实时获取本地预警信息数据库内容，对当前进行预警的台站及时生成产品文件，供客户端使用。其功能实现结构图见图2。

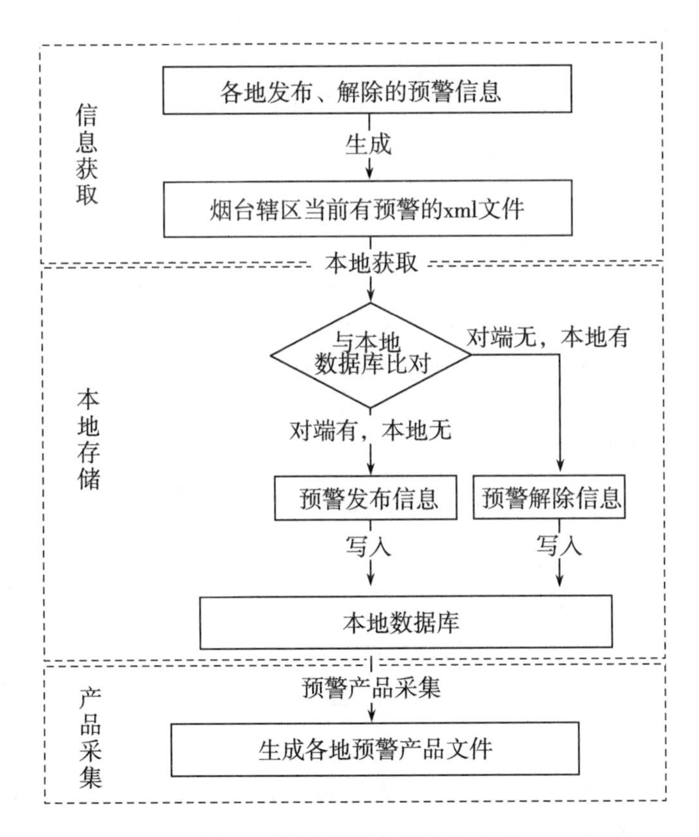

图2 预警信号服务模块结构图

1.1.3 天气实况服务模块

（1）定时实况。

综合气象模块简要提供了烟台本地国家级有人值守台站的气温、湿度、风向及风级，并定时更新。

（2）雨情服务。

当气象部门为当地决策部门提供了降水预报服务后，信息处理系统自动获取其信息，并通过PHP语言生成电子表格和图片，同时将降水的提示信息推送到客户端实况栏，供用户进行快速访问。

1.1.4 环境气象服务模块

从2013年开始，烟台市气象部门对外发布空气污染气象条件预报，相关的环境气象业务不断增强。该服务模块及时获取实时空气质量信息以及最新的空气污染气象条件预报，生成各种文字类、图表类产品供客户端访问。

其主要分两部分：一是信息采集部分，二是信息处理部分。处理系统将获取的本地数据和各地市数据分别进行加工处理，生成烟台本地空气质量监测文本产品和图表产品，并将烟台市气象台制作的空气污染气象条件预报生成文本产品供客户端访问。另外，还增加了全省各站的空气质量综合信息，供决策部门参考。

1.1.5 应急信息服务模块

为提高系统的服务能力，客户端还与市政府应急办联合，提供了“应急知识”功能。该部分内容由气象部门与当地应急办合作发布，实现了天气系统的分类整理、分类入库。气象服务人员根据天气特点，通过接口平台，很方便地对应急知识进行切换，这就进一步丰富了客户端的服务内容。截至目前，应急知识库产品数量见表1。

表1 应急知识库产品数量

类别	高温	雾霾	雷电	大雾	风暴潮	大风	大雪	防火天气	家庭应急	节日期间
记录数	15	3	39	3	3	4	6	18	142	6

该模块主要工作特点如下。

（1）实现常看常新。根据服务人员对类别的安排，每小时自动选取两条应急知识为客户端提供服务。

（2）类别的总体控制。专业气象台人员根据天气情况，宏观设定提示类别，其他区市同步获取显示，减少了区市操作人员的工作量。

（3）应急知识库的可扩充性。根据提供的管理接口，服务人员可定期对分类应急知识进行补充、完善，提高和扩充服务内容。

（4）自动转换。信息处理系统自动判识当前服务的非常规性内容，当非常规性内容服务结束后（含预警信息），会自动转入“应急知识”，减少了人工操作。

（5）内容的专业性。发布内容既涵盖了气象防灾减灾内容，又有常识性应急贴士，丰富和完善了应急知识数据库，提高了建议的专业性。

1.2 雷达监测

雷达监测显示烟台新一代天气雷达实时监测的降水回波图像，可以判断当前降水区的位置、强度、移动路径等。目前其提供了两个显示版本：普通图片版和GIS版。每类产品同时提供了近2个小时的19类雷达产品图像（6分钟一张），供前后翻阅。

1.2.1 普通图片版

取雷达PUP直接生成的19类0.5° 仰角产品，然后叠加时间，推送显示放大1倍的图像产品。

普通图片版雷达图是由雷达系统软件自动生成的GIF图片，受雷达软件本身性能的限制，产品地图最高只能显示县级界线（用户精细化也只做到镇级），因此不能显示高精度的位置信息；自动生成的图片大小固定为682像素 × 512像素。如果显示2倍以上的产品图片，将只显示中心部分的产品图，更远的产品图不能显示，因此不方便推送高分辨率的雷达产品；而对于1倍显示的雷达图，在手机上进行的放大操作只是对固定大小的图片文件进行缩放，因此放大后的图像会显得模糊；此外，不能对雷达产品进行进一步的处理，如消除明显的杂波、非降水回波。因此，在分辨率、清晰度和可读性方面，此种产品用户体验较差。

1.2.2 GIS版

GIS版通过将雷达产品重新写成图像文件，叠加到手机GIS地图上进行显示。目前初始图像放大倍率为4倍，有效解决了普通图片版中放大后像素失真的问题，对小尺度天气以及掌握天气系统移动及影响区域非常有利。

GIS版用Delphi编写程序，读取雷达系统同步存储的二进制格式的雷达产品数据文件。对于雷达19号基本反射率因子产品，根据读得的每一个距离库（产品图上一块最小的数据块）数据大小，确定一个图像颜色，这样就可以重绘雷达产品图。如果将1倍显示的产品数据图像重绘在480像素 × 480像素的图片上，那么，其显示效果与雷达系统软件自动生成的1倍产品GIF图基本等价。由此，可以将4倍显示的产品数据图像重绘在1 920像素 × 1 920像素的图片上，则一个距离库数据所占用的显示像素是1倍显示时的4倍。显然，这样处理所得到的图像分辨率更高，图片放大同等倍数时会显示得更清晰。之后，可以把生成的产品图片叠加到服务提供商的地图上，这种地图是雷达系统PUP地图所不能比拟的，具有高得多的分辨率。

1.2.3 雷达读图歌谣

雷达图像是一项核心气象服务内容，从其他渠道难以及时获得，但要求用户会看雷达图。为了让普通用户更好地了解和掌握雷达图像的使用、最大限度地发挥其在短时临近预报中的作用，我们还专门设计制作了雷达读图说明，并配上了地图，深受用户喜爱。雷达读图歌谣如下。

首先看地图，找到咱自己。
中心塔山顶，一圈一百里。
降水看颜色，强度分等级。
绿黄红和紫，含义要牢记。
绿色小雨来，出门无大碍。
黄色头顶走，雨水四处流。
红色强对流，大风强雨有。
紫色不多见，多属冰雹天。
红黄时间长，地面定遭殃。
降雪分绿黄，等级弱到强。
色块若分散，冷流降雪天。
图像前后翻，变化记心间。
雷达经常看，胜似预报员。

1.3 卫星云图

卫星云图是我国风云4号气象卫星观测的云图。正常情况下其显示红外云图和可见光云图。云图信息采用CMAcast下发的云图图像，每半小时一张。图像显示前10个小时的20张图片，可通过前后翻页查看图像来了解云的走势。

1.4 天气实况

其显示烟台辖区130多个自动气象站观测的每小时一次的气温、风、降水等天气实况。其中“环境监测”中的“实时”栏目包含烟台在内的全省所有环保监测点所测得的空气质量。实景是用户拍摄上传的天气实况照片，其中拍摄地点由GPS定位自动获得，无须手工输入。在“降水实况”中，分别增加了“前1 h降水”“前3 h降水”“前6 h降水”“前12 h降水”“前24 h降水”“前48 h降水”选项，成为汛期防汛的重要参考依据。

该项功能的实现是通过在访问服务器上架设数据库，将最新的自动站实况同步推送到访问服务器上，从而实现数据的实时提供。同时，该项功能结合手机GIS地图显示，将数据叠加到对应的地图上，实现地图缩放后各站点信息的查看。

2 手机客户端在气象防灾减灾中的服务优势

2.1 雷达图像的高分辨率显示

目前，绝大多数气象类手机客户端采用的是1倍放大的雷达产品图片文件，对于放大后的清晰度以及地理信息数据显示不足。在烟台气象手机客户端设计中，雷达图像采用了两套方案：一套采用原有的1倍小图片版，另外一套采用重新绘制和GIS相叠加技术推出的4倍手机GIS版，丰富了使用体验，取得了更好的服务效果。为配合雷达图像识别，我们编制了读图歌谣供用户参考。对雷达图像的非降水回波，如地物回波，进行有效处理，避免普通用户将晴空误认为有降水天气。

2.2 GIS技术与气象信息完美结合

烟台气象手机客户端在雷达图像显示以及自动气象站的天气实况显示方面均采用了手机GIS技术，保证了图像放大和缩小时的总体质量，更加方便、直接地将天气信息展现给用户。

2.3 客户端与本地气象服务完美结合

手机客户端显示的都是本地气象部门最新提供的气象服务产品。当有灾害性天气预警信息时主动将服务内容推送到客户端，体现了服务的针对性和专业性，并且可以根据不同的用户组进行差异化的气象服务，用户能及时看到最需要的气象信息。

2.4 管理功能的强化

客户端采用多用户分组、分用户管理、终端识别、分组总量控制等思路对整体运行进行设计，为专业服务用户提供支持，同时通过用户管理平台实现分组信息、用户信息的添加和查阅，通过信息处理系统、接口平台、辅助程序等实现内容的获取、加工、生成、推送、订正、服务等功能。

2.5 用户体验优先

在客户端设计上，始终以用户体验至上为原则进行布局、设计和内容的提供。

2.5.1 内容设计方面

（1）提炼服务内容，提高信息的综合性，如“综合气象”栏目。

（2）尽量以文本或小图标形式展现，最大限度减少数据量，如“正点实况”“天文潮汐”“预报结论”“环境预报”等栏目的设计。

（3）提高实时性，减少同步时间，如在雷达应用上，当雷达站有数据时立即进行数据处理和发布，减少响应时间。

2.5.2 访问设计方面

（1）访问界面精简为四项，简洁明了，直达主题。

（2）菜单选项不超过两级，减少点击次数。

（3）图片压缩成gif或jpeg格式，减少数据量。

（4）保护用户隐私，如通讯录、电话号码以及地理位置等手机中的个人信息均不予访问。

2.6 工作人员服务接口设计

一个完整的气象客户端，没有当地气象台站的实时跟踪、专项服务接口设计是不完整的。我们在设计中，对“重要天气服务”“天气预警”“天气警报”“一周服务”“预报及指数订正”“应急知识”等体现本地服务特色的栏目均进行了接口设计，使气象实时服务信息能及时抵达客户端，提高了有效性和针对性。

2.7 数据的自动化处理

通过数据库、开发语言与环境、计算机图像处理等技术的综合应用，在数据处理、产品生成、信息监控等环节，实现服务产品的自动采集、自动发布以及错误数据的自动判识及处理，大幅减轻业务人员的劳动强度。同时，用户识别、终端控制及其App升级等功能都实现了自动化。

3 服务应用领域

烟台气象手机客户端，从实际工作需求出发，贴近业务需求，对气象信息进行整理、提炼、优化，形成简洁的客户端软件。设计中充分体现了用户体验优先的原则，保证了服务的有效性，同时服务接口丰富，使客户端突出本地化特色，增强了服务的有效性。烟台气象手机客户端“烟台气象通”的研制开发既体现了烟台市气象部门对外服务的专业性，又体现了服务的积极性和主动性，更为气象信息拓展服务领域创造了条件。

3.1 政府决策群体

结合汛期气象服务，烟台气象手机客户端首先在烟台市和烟台市区防汛部门推广使用，获得了好评，然后在各区市决策部门推广使用，使用单位包括当地的政府部门、应急管理人员、安监管理人员、防汛抗旱人员及其他行政机关、事业单位。

3.2 专业用户推广应用

烟台气象手机客户端同时改变了传统的专业气象服务方式，为烟台港集团、烟台（蓬莱）国际机场等重点专业用户，包括集团部门领导和安全生产小组负责人、室外作业一线指挥人员进行了安装，深化了专业气象服务水平。

3.3 气象系统群体

其包括气象专业人员、乡镇协管员、社会化保障人员。

3.4 专项保障及其他应用

通过技术手段实现了客户端对专项保障的服务，利用开发框架和模式，实现了气象与农业部门合作开展农业气象直通式服务。

烟台市气象防灾减灾人才队伍建设研究

高　娜
（莱州市气象局，莱州　261400）

【摘要】在全球气候变化和城市化背景下，我市气象防灾减灾人才队伍建设进入新的阶段。全面分析烟台市气象防灾减灾人才队伍建设现状、问题及面临的挑战，并提出改进的措施，对于加强烟台市的防灾减灾能力具有重要意义。

【关键词】气象防灾减灾；人才队伍建设；气象信息员

气象灾害是一种破坏性极大的自然灾害。随着环境恶化，烟台市（简称“我市”）各种极端天气频发，严重威胁着人民的生命和财产安全。近年来，气象防灾减灾已成为经济社会发展中的热点问题，国家减灾委员会先后编制印发了《国家气象灾害防御规划（2009—2020年）》和《国家防灾减灾人才发展中长期规划（2009—2020年）》等政策文件，着重指出了气象防灾减灾人才队伍建设的重要性。[1]在规划即将收官的背景下，全面分析过去和当前我市人才队伍建设的现状、问题和不足，并给出针对性的政策建议，对加强我市气象防灾减灾能力具有重要意义。

1　气象防灾减灾人才队伍建设的重要性

我市气象防灾减灾人才队伍主要由气象部门防灾减灾专家和乡镇气象信息员组成。其中，气象部门防灾减灾专家主要指各区市气象局的预报员和业务科工作人员，在遇到恶劣天气时，专家针对问题共同研究相关解决方案，同时，不定期进行相关的学术探讨，对乡镇气象信息员进行专业培训等。气象信息员主要由气象协理员、乡镇村社气象信息员、农业局气象信息员、重点防灾减灾部门气象信息员组成，主要职责是积极开展气象信息传播，在获取气象单位所发布的各类预警预报消息后，在较短时间内报告给相关负责人，同时借助乡村大喇叭、手机等方式将预警信息传播给广大人民群众；需要结合区域地理特征及易出现的气象灾害范围等资料，协助气象部门制作当地气象“一本账”“一张图”“一张网”“一把尺”“一队伍”“一平台”；在即将或已经发生气象灾害时，气象信息员还需要结合灾害特征和可能影响区域落实灾害防御机制，指挥群众采取合理应急措施；还应负责相关气象灾情信息的收集和整理，及时上报给当地气象部门。

2 我市气象防灾减灾人才队伍建设的现状

近几年来，我市气象防灾减灾人才队伍蓬勃发展。主要表现在以下两个方面：一是加强了专业气象防灾减灾队伍建设。目前我市共有气象防灾减灾专家60余名，约40人有中级工程师资格，每个区市均有2名以上专职预报员，基本满足当地气象防灾减灾服务需求。二是我市气象防灾减灾气象信息员队伍规模不断壮大，截至2019年底，我市气象信息员达6 021名，其中村级信息员5 878名，乡镇协理员143名，应急联系人37名，村屯覆盖率接近百分之百[2]。基本形成了“政府主导、部门联动、社会参与”的气象防灾减灾运作模式，即建立了一个由应急管理部门统筹，各相关职能部门共同参与和积极协作的防灾减灾人才队伍。

3 我市气象防灾减灾人才队伍建设的问题与不足

全球气候变化和快速城市化背景下，我市气象灾害频发。在这种背景下，我市气象防灾减灾的专业人才队伍规模偏小，各区市预报员数量不足。现有预报员既需要承担短时预警、中期预报、短期预报等大量业务，既要兼顾气象防灾减灾服务，尤其是重大天气决策服务，还要参加轮岗培训、进行课题申请，导致人员紧缺。此外，对于气象防灾减灾服务缺乏全方位、系统化、专业化的培训，尤其是年轻预报员服务能力欠缺。

气象信息员队伍缺乏必要的后备人才力量和知识传承体系的建设。究其原因主要为以下几个方面：一是气象信息员配置不够合理，不能根据信息员的特长做到人尽其用。二是对于信息员的专业技能培训没有跟上。三是信息员在参与气象防灾减灾服务过程中自身的合法权益没有得到有效保护。四是经费来源不稳定，经费严重不足。

4 我市气象防灾减灾人才队伍建设的对策建议

大力引进适应气象防灾减灾服务需求的专业人才，特别是高级人才，建立全方位、系统化的人才培养机制，加强培训的实践性，开展跨省市合作，通过理论交流、技术引进、跨区域联合演习等方式，积极创造条件、开拓渠道，以提升我市的气象防灾减灾能力。

建立健全气象信息员培训机制。结合我市实际情况，对气象信息员定期组织培训，鼓励其积极参与气象知识讲座培训，提升自身综合素质与专业水平，及时传递气象信息。同时，加强气象信息员队伍应急能力培训，为农村地区防灾减灾提供重要人力支撑。

参考文献

[1] 桂人研.《国家中长期人才发展规划纲要（2020—2020年）》解读[J].人事天地，2010（20）：28-30.

[2] 王冰.气象为农服务体系建设探析——以山东烟台为例[J].北京农业职业学院学报，2015（29）：5-8.

第四部分

专业服务介绍

烟台市海上航线气象服务简介

烟台市气象局目前开展的海上航线气象服务有烟台到大连、烟台到旅顺、蓬莱到旅顺、龙口到旅顺四条航线。

渤海海峡年平均大风日数有100多，每次大风过程起风时间、最大风力和持续时间、结束时间都需要精确预报服务，空报、漏报都会带来不利的影响。而且由于航线大风预报服务需提前36～48 h报出，提前量大，服务结论要稳定，这对做好航线专业气象预报提出了更大的挑战。

为进一步提高海上航线预报服务质量，2020年烟台市气象局开展了“海上客滚航线大风预报质量评定方法的研究及其实现”课题研究，针对不同航线海域，分析更加适用的预报质量评定标准，解决了不同海域指标站的选取问题，并制定了海上客滚航线大风预报评定办法，通过分析评定结果，总结预报经验，提升预报质量和服务效果。

根据山东省气象局应急与减灾处《关于印发〈山东省气象灾害风险预警业务试点方案〉的通知》要求，为提高海上航线气象灾害风险预警服务能力，准确及时地为海上航线提供预警服务和灾害防御信息、有效减少人员伤亡和灾害损失，烟台市气象科技服务中心于2020年修改完善了《烟台海上航线气象灾害风险预警发布实施办法》，研究确定了系统性、精细化的气象灾害风险预警发布标准、发布流程和服务效果检验办法，并于当年11月开始试运行。

烟台海上航线气象服务工作开展以来，其提供保障的线路、客滚船只数量大大地增加，极大地促进和推动了辖区以及烟台与辽东半岛的社会和经济发展。据不完全统计，专业航线大风预报服务每年创造经济效益达数千万元。

烟台市气象多媒体显示屏应用简介

烟台市气象多媒体显示屏利用互联网技术，通过机顶盒和专用服务器同步，在液晶电视上将各种信息图文并茂地显示出来。其显示的内容见表1。

表1　烟台市气象多媒体显示屏显示内容

预警预报类	天气实况类	辅助信息类	业务推广类
实时预警信息 48 h天气预报 海区天气预报 森林火险等级预报 天气焦点（今日关注、本周天气等）	雷达图像（每6分钟1次） 自动站实况（每小时1次） 云图（每30分钟1次） 环境气象（每小时1次） 天文潮汐（每天1次） 日出日落（每天1次） 海水温度（每天1次）	日期、节气、节假日提醒	本单位的形象展示 本单位通知发布

烟台市气象显示屏适合在单位内部公共空间布设，其主要用途如下。

（1）能自动获取实时天气信息，相当于安装了一个专业天气服务站。

（2）相当于安装了一个时钟，提供日期、节气、节日提醒。

（3）普及气象知识，提供了丰富的气象、地理、天文知识以及应急、科普知识。

（4）单屏多用，既能显示气象信息，又能发布本单位通知信息。

烟台市气象多媒体显示屏需要配备网络、网线、固定IP以及支持HDMI高清接入的液晶电视。目前其已在烟台市区、开发区、栖霞、海阳等多地的便民中心、服务大厅、指挥调度室、学校等广泛使用。

1　“本地资源上传预警”功能说明

以kfq 005用户为例。

（1）访问地址：http://221.0.94.40:82/admin，用户名：kfq 005。

（2）点击“上传内容”→“图片素材”（或“视频素材”）→“添加文件”→“上传”。视频素材需要进行“审批”方能使用。

（3）点击“信息发布”→“节目管理”→编辑“kaifaqu 005”→在第1层中选择“User Text”插入文字，选择“User Pict”插入图片，选择“User Mpeg”插入视频。进入页面编辑后勾选“启用”使页面生效。

（4）如若插播紧急通知，需要增加通知播出频率，并自行关闭其他气象节目页面。

上述操作均需IE8.0以上版本，或安装chrome浏览器。

2 “信息提示”功能说明

本说明所述“信息提示”功能指多媒体显示屏在2014年3月升级后，一项重新开发、完善的由工作人员主动根据天气变化进行信息提示的功能。显示区域在屏幕底部，见图1。

图1　“信息提示”功能区

2.1　显示屏“信息提示”功能区分两部分：标题区和内容区

标题区文字静止不动，内容区文字向左滚动。标题和内容均取自“气象信息平台”中各单位在栏目中更新的内容。

2.2　多媒体显示屏栏目发布要求：

标题格式：“××××-××-××□AAAAA—BBBBB”，其中“××××-××-××”为日期，“□”为一个空格，“AAAAA”为标题（此亦为显示屏信息提示标题），“BBBB”为注释（可省略）。例如，2014-06-15 今日关注—未来两天多雷雨天气，请密切注意天气变化，及时防范。

多媒体显示屏内容，根据业务要求发布。

2.3 注意问题

（1）标题建议采用如下项目："今日关注""天气预警""天气警报""紧急警报"等，但不能超过5个汉字。

（2）当有"今日"类项目，超过24 h未更新，则自动切换到专业台提供的"应急小贴士"。

（3）当发布"预警"或"紧急"类，显示屏信息提示标题文字闪烁以提醒。需要解除时，需发布一条"预警解除"的信息（标题举例：2014-06-15 预警解除）或"今日关注"等其他信息。当发布"预警解除"后，系统自动切换到专业台提供的"应急小贴士"。

（4）"应急小贴士"由专业人员对内容进行编辑和设定，根据类别每小时自动选取3条显示。

“烟台气象通”手机客户端应用简介

为进一步做好气象决策服务工作，发挥气象部门的服务优势，烟台市气象局自2010年开始，结合烟台的特点，组织人员研发了“烟台气象通”手机客户端业务，并陆续完成升级，相关情况说明如下。

手机客户端集成了天气预警预报、天气实况等信息，突出了当地气象部门在中短期、短时天气预报、降水等服务上的优势，在防汛、防台、森林防火、防雪除雪中起到了积极作用，当前已有各区市授权用户100人。“烟台气象通”手机App采用手机验证的方式对用户进行识别，但需提前将号码提供给当地气象部门进行授权。

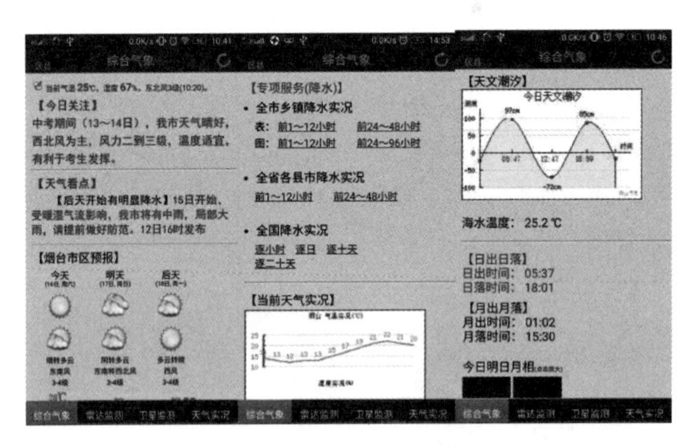

图1 “烟台气象通”手机客户端

1 验证管理

先由各区市局管理人员通过平台授权后，用户才可以安装、验证使用。老版本用户也需重新授权、安装。

市局按“气象局”“气象服务”为各地提供了两个分组（组名分别为qxj、service），各分组默认授权对象分别为50个、150个，由所在区市局完成授权。对超过一年未使用的，将自动清除授权记录。

2 下载安装

（1）该客户端只针对安卓系统手机，为决策版。企业若有需求，需与烟台市气象科技服务中心联系以提供专业服务。

（2）相关地址。

① 客户端管理平台：https://www.ytweather.cn:8443/YtqxtSms/lo.jsp.

② 客户端下载：https://www.ytweather.cn:8443/YtqxtSms/apk/index.html.

3 用户授权操作说明

3.1 登录

登录“烟台气象通”App管理平台，用户名为“yt＋区市首字母”（如蓬莱为“ytpl”），默认密码为“区市首字母　区站号后三位　区站号”（如“ly　852　54852”，无区站号的单位按54765），登录后，需立即改成8位以上加强型密码。登录完成后点击各分组，即显示分组内用户信息。

图2　“烟台气象通”用户管理界面

3.2 用户管理

3.2.1 授权

点击左侧“用户管理”选项卡，点击“授权用户导入”，在主功能区中选定分组，填入手机号码，级别默认填1，授权默认填0，用户单位请按照“区市—××局”（如蓬莱—城市管理局）格式填写标准的单位全称，点击提交即完成单个用户的授权。

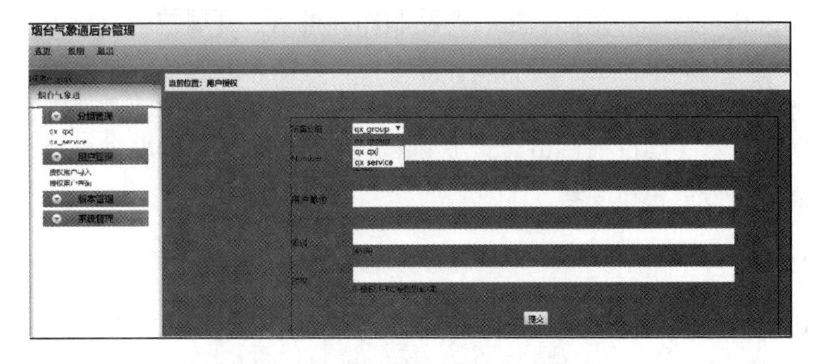

图3　“烟台气象通”后台管理界面

3.2.2 查询及修改

点击左侧的“授权用户查询”，输入电话号码，即可显示该用户的分组、注册等相关信息。如有更改点击“编辑”即可完成相关信息的修改。

烟台果业气象服务中心简介

1 成立的目的和意义

山东省是北方最适栽培果树区域之一，被誉为“北方落叶果树的王国”，是全国水果主要产区之一。生产各种水果20多种，达数百品种，其中苹果产量占全国的四分之一以上，桃、梨、葡萄等的生产在全国也占有重要地位。2017年，全省果园面积达869.1万亩，水果产量达1 647.6万t。烟台市是山东省果品主产区，以苹果、莱阳梨、大樱桃、酿酒葡萄等果品闻名。烟台苹果、莱阳梨为历史悠久的驰名品牌，大樱桃也已成长为国家地理标志产品，张裕、中粮等企业以烟台酿酒葡萄生产的葡萄酒远销海内外。2017年，烟台市果园总面积达252.2万亩，水果产量达614.3万t。

天气条件是影响果树生长发育的重要因素，果业气象灾害、极端天气气候事件等会对果品产量和品质产生重大影响。近年来，山东省极端天气气候事件发生频率增高，极端事件强度增强，导致果业生产产量和品质波动加大，制约了果业提质增效转型升级。霜冻、冰雹、大风、干旱、高温、低温冻害等灾害性天气会对果业生产产生较大影响。

2017年9月，山东省气象局批准成立烟台果业气象服务中心（简称“果业中心”），挂靠在烟台经济技术开发区气象局气象台下，负责全省果业气象预报服务相关技术研究、指标制定、产品制作和推送、开展技术指导等。自成立以来，果业中心加强果业气象服务保障工作，开展果业气象灾害监测、预警与评估服务，指导果品企业、种植基地、果农等开展果业生产防灾减灾，合理利用气候资源，最大限度地避免或减少经济损失，为果业生产转型升级、促进苹果产业高质量发展提供支持。

2 机构设置

果业中心挂靠在烟台经济技术开发区气象局气象台下，现有人员4人，其中硕士研究生1人，本科3人。业务人员具有多年果业气象服务工作经验，负责果业服务产品制作、审核、果业观测、灾情调查、效益评估等工作。积极开展果业气象预报服务相关技术研究，围绕果树全生育期开展监测、预警、评估等，自主研发服务内容，丰富服务产品，为烟台市果业生产防灾减灾、趋利避害提供技术支持。

3 工作情况

果业中心根据果树物候期和天气实况、中长期预报等开展果业专项气象服务，为烟台各级气象局提供果业气象服务指导，为烟台地区的果品企业、种植大户、果农等提供服务，为果业生产转型升级、品质提升提供支持。

3.1 建立完善规章制度

为保证果业气象工作有章可循，果业中心先后出台了《苹果周年气象服务方案》《苹果气象观测业务规范》和《苹果气象服务业务流程》，对苹果观测、服务等做出规范性要求。建立了苹果物候观测和野外调查评估方案，编制了烟台果业气象服务周年方案，规范业务服务工作。

3.2 加强果业气象观测站网建设

为做好果业气象服务工作，在山东省气象局支持下，在开发区建设了酿酒葡萄小气候站，在栖霞、牟平建设了苹果小气候站，开展苹果和酿酒葡萄气象条件专项观测。同时，结合现有的多个区域自动站、土壤水分站以及准备建设的果业物候观测站，基本形成果业气象观测站网，为开展果业服务提供了基础数据。

3.3 开展果树关键物候期和灾害调查

组织人员在果树关键物候期开展物候观测，首次实现了对烟台苹果、酿酒葡萄、大樱桃等主要果品的全面观测。注意对灾害性天气影响进行调查，根据天气情况及时开展灾害调查并评估灾害影响。在苹果开花期、春季霜冻、高温干旱、台风影响过后都进行田间调查，了解灾害性天气对果树生长发育的影响，调查服务效果，积累预报预警经验。

3.4 注重做好果业气象服务

果业中心关注果树物候期和天气变化，根据果树关键物候期和天气过程适时开展服务。在果树关键物候期，或预报有对果业生产有较大影响的灾害性天气时，及时发布果业专项服务产品或果业气象灾害预警，为果树管理和灾害性天气防范提供支持。

3.5 与烟台农科院开展合作

果业中心与烟台农科院果品研究所建立了紧密的联系，为开展果业服务争取专业技术支持，在果品基础数据收集、果品灾害调研、服务产品制作等方面，都得到权威和专业的指导。该研究所能够在技术问题上给予指导，在产品制作中提供科学的意见建议，保证了服务材料的准确性和针对性，为发展生态农业、提高果品产量和品质提供了专业的技术支撑。

3.6 开展调研了解用户需求

果业中心建立了调查走访机制，采用走访、召开座谈会、发放调查表等形式，收集用户对气象服务的意见，了解用户需求，咨询用户对服务产品的意见，及时评估和调整服务产品内容。通过电话、微信等方式，及时向用户反馈对意见建议的采纳情况。同时，通过交流，也丰富了业务人员的果业知识，提高了其工作能力和服务水平。

4 取得的成绩

4.1 丰富果业气象服务产品

果业中心自主研发了多种果业气象服务产品，开展了苹果始花期预报、果业气象灾害预警、果业气候影响评价、苹果气象服务专报等业务，分析气象条件对果业生产的影响，并针对果树物候期和可能出现的气象灾害提出应对措施和管理建议，为苹果、大樱桃、酿酒葡萄等果业生产提供服务。2020年，已发布各类服务产品26期，多次对各果品主产区市气象局开展指导。

4.2 提升现代化水平

依托山东现代农业气象服务保障工程，果业中心正在研发山东果业气象业务服务平台，设计了服务产品制作、发布、管理等多个功能。平台将与省局多个平台对接，实现平台一体化。建设完成后，将进一步提升服务流程的规范化、服务产品的专业化和服务对象的精准化水平，进一步提升生态农业气象服务能力。

4.3 增强了科研创新能力

果业科研以业务需求为导向，着力做好针对性的科研创新。在省、市局的支持下，果业中心成立以来，1项一般课题、1项青年科研基金课题在山东省气象局立项，3项课题在烟台市气象局立项，多篇果业方面的文章在正式刊物发表，果业科研正逐步开展，果业中心服务能力得到提升。

4.4 建立特色农业气象指标体系

收集整理多种果品的果业气象指标，为开展服务和果业灾害防御提供支撑，已经收集整理了苹果、酿酒葡萄、大樱桃、莱阳梨、桃、蓝莓等的气象指标。目前，苹果和酿酒葡萄的气象指标作为开展果树管理、病虫害防治、灾害性天气防范等的具体标准已经应用于果业服务产品制作中。

4.5 开展"直通式"果业气象服务

为支持果业发展，果业中心积极拓展服务渠道。在烟台市气象局组织下，果业中心收集整理了烟台地区果品企业、果业合作社、种植大户等资料信息200多项。一是开通了果业中心微博，发布果业服务产品。二是正在研发果业气象业务服务平台，可将产品推送到预警显示终端。三是正在研发果业服务微信公众号，可智能化提供天气预报，开展服务产品推送。四是与栖霞市气象局等联合制作发布服务产品，通过微信群为合作社和种植大户开展服务。五是通过邮件发送产品指导烟台各区市局开展果业服务。果业中心利用现代化手段，开展了内容丰富、高效便捷的"直通式"果业气象服务，为果业生产开展灾害性天气防范、关键物候期管理、安排农事活动等提供支持。

5 未来工作规划

5.1 加强观测能力建设

依托现代农业气象服务保障工程项目，规划建设果树长势观测系统，完善果业观测站网。计划建设6套果业自动观测系统，实现果业物候期的远程观测。

5.2 加强业务素质建设

通过学习、科研，提升业务人员综合素质。加强与科研院所的交流，为业务发展提供技术支撑。

5.3 提升果业服务能力

组织做好果业服务平台建设，丰富服务产品，拓宽服务渠道。加强调研，走访果品主产区市，了解果品生产模型、指标及需求，提升服务能力。

5.4 扩大服务覆盖面

充分利用现代手段，发挥微博、微信等媒体快速传播的优势，提高产品传播速度，扩大果业服务产品的覆盖面，提升服务效益。

5.5 加强示范点建设

按照示范点标准，完成软硬件建设，畅通服务渠道，完善示范点功能，发挥示范带动作用。